商业建筑设计
要点及案例剖析

周洁 编著

机械工业出版社
CHINA MACHINE PRESS

本书系统阐述商业建筑设计的要点，探讨商业建筑的品牌打造，总结商业建筑案例成败的主要因素，梳理商业设计案例的剖析方法。同时从规划设计研判、业态特色研究和商业坪效考察三个维度对国内外典型商业开发项目进行深度剖析，并展望了商业建筑未来发展的趋势。本书有助于读者深入掌握商业建筑设计的基本要点和规律，为广大开发商、商业建筑设计师提供设计参考及设计评判依据。本书读者为建筑项目的开发人员、设计人员及建筑设计院校相关师生。

图书在版编目（CIP）数据

商业建筑设计要点及案例剖析 / 周洁编著. —北京：机械工业出版社，2018.10（2021.1 重印）
ISBN 978-7-111-60748-9

Ⅰ. ①商…　Ⅱ. ①周…　Ⅲ. ①商业建筑—建筑设计　Ⅳ. ①TU247

中国版本图书馆CIP数据核字（2018）第194475号

机械工业出版社（北京市百万庄大街22号　邮政编码100037）
策划编辑：赵　荣　责任编辑：赵　荣　范秋涛
责任校对：肖　琳　封面设计：鞠　杨
责任印制：孙　炜
北京联兴盛业印刷股份有限公司印刷
2021年1月第1版第2次印刷
184mm×260mm·18.5印张·331千字
标准书号：ISBN 978-7-111-60748-9
定价：109.00元

电话服务　　　　　　　　　网络服务
客服电话：010-88361066　　机　工　官　网：www.cmpbook.com
　　　　　010-88379833　　机　工　官　博：weibo.com/cmp1952
　　　　　010-68326294　　金　书　网：www.golden-book.com
封底无防伪标均为盗版　机工教育服务网：www.cmpedu.com

当今世界，商业活动已渗透到人们生活的各个方面。在城市空间中，商业建筑也扮演了日益引人注目的角色。商业建筑与一般公共建筑相比，既有相似点，也有差异点。

商业建筑设计除了需要满足一般公共建筑设计所要求的实用、经济和美观外，还需要充分考虑对"商业价值"的挖掘。而商业价值取决于三个方面：人、需求及时间。首先，人是商业价值论考虑的核心，人包括两类——顾客和商家。其次，需求是商业价值产生的根源。对于顾客来说，需求既包括物质需求，也包含精神需求。随着时代的演变，精神需求的满足显得越来越重要，体现在人们对于社会交往、学习体验、艺术陶冶等方面的兴趣日益高涨。商业建筑设计为响应这些变化，也会越来越多地设置满足此类活动需求的城市空间和场所。再次，"时间"是商业价值延伸的基础。顾客愿意待在商场里的时间在一定程度上决定了商场利润的高低。因此，商业建筑动线设计的目的之一就是希望延长消费者在商场中停留的时间，从而带动更多消费，特别是非理性消费。商场规模大小与时间因素息息相关。规模过小的商场，一般情况下顾客在其中停留的时间有限，商场的收益也就可想而知了。另外，商场的业态数量与类型对顾客的吸引力也有重要影响。商场的业态种类偏少、过于单一，顾客眷顾的时间和次数也会较少。

简而言之，人、需求、时间三者构成了商业价值论的三要素（图 0-1）。我们在商场规划和设计中，不管是动线规划、规模设定、业态组合，都要牢牢把握这三个方面。

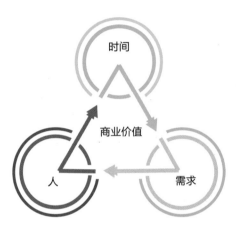

图 0-1　商业价值论的三要素

　　本书基于以上的商业价值理论，对国内外比较有代表性的且已建成的商业建筑案例展开分析，旨在通过每个案例的成与败来揭示某些设计要点和规律。书中所提到的这些案例都经过作者精心选择，具有较高的参考价值和实际指导作用。

　　与其他介绍商业建筑案例的书籍不同，本书首先对商业建筑案例进行合理分类，并对相应类别的商业建筑案例的共同点进行分析和点评。然后基于每个类别，分别选择两个最典型的商业建筑案例进行深入剖析。书中不仅对国内目前比较流行的商业建筑类型展开多角度的剖析，而且也涉及商业发达的日本、美国的一些经典案例。每个案例的分析也非"蜻蜓点水"，而是从规划设计、业态特色、商业效益三个维度进行了全面而综合的研究，并且对设计的亮点和问题展开讨论。这种深入浅出的剖析方式将大大有助于读者深入掌握商业建筑设计的基本要点和规律，并可举一反三。

本书共分7章。第1章简要、系统地阐述了"商业建筑设计要点"，重点探讨了商业建筑的品牌打造，列举了目前在国内商业运作比较成熟的开发商如凯德、华润、中粮、瑞安及新世界集团等的主要品牌系列。这些品牌在运作中既有共同点，又有差异点，且经过市场的检验，无论是商业动线还是业态组合，对于建筑师开展设计具有重要的参考价值。第2章高屋建瓴地总结了商业建筑案例成败的主要因素。这些因素也与前一章提到的商业建筑设计的基本规律息息相关。第3章梳理商业设计案例的剖析方法，提出从三个维度进行分析，包括规划设计研判、业态特色研究和商业坪效考察。第4章、第5章、第6章分别列举了国内、国外的典型商业开发项目。日本作为亚洲商业发达国家的代表，其在购物中心的可持续设计、体验性挖掘及地下商业开发方面走在世界前列。美国作为购物中心的"鼻祖"，其购物中心的发展史和趋势值得我们持续关注和思考。本书最后一章展望了商业建筑未来发展的趋势，并对商业建筑的"类型学"进行了拓展，重点关注了目前正方兴未艾的"医疗型购物中心"、"交通枢纽型购物中心"，又对商业建筑改造等展开了初步探讨，这些新兴领域的深入拓展正是商业建筑不断发展、设计不断创新的动力。

C O N T E N T S
目 录

第3章
商业建筑设计
案例剖析方法

第4章
国内当代商业
建筑经典案例
剖析

第 5 章
日本商业建筑
经典案例剖析

第 6 章
美国商业建筑
经典案例剖析

第 7 章
商业建筑设计
趋势展望

第1章
商业建筑设计要点概述

1.1 熟悉商业运作规律

商业运作规律的核心依据是序中所述的商业价值论的三要素——人、需求、时间。在开始商业建筑设计之前，首先要熟悉商业运作的规律。那么，商业建筑设计中具体要关注哪些基本规律呢？

1.1.1 尊重招商需求

商户与商场之间是共存共荣的关系，因此，商业布局必须尊重招商需求。商户为保证自身开业的成功，对商场选址、周边市场潜力、商场提供的硬件条件都极为敏感。因此，一个商场若能招来有实力的品牌商家，从某种意义上来说，也证明了商场选址和设计布局的相对合理性。

万达曾提出的"订单式开发"，就是一种与下游商户形成"战略联盟"的策略，从而保证商场的满租率，避免了很多商场开业冷清甚至长期物业闲置的不良后果。所谓"订单式开发"，是通过开发商和品牌商家签订联合拓展协议而实现的利益捆绑。其中对于主力店的控制是最重要的，因此万达自身成立了影院院线、百货、KTV等商业面积去化度较高的大店铺、大品牌，或与重要商户签订协议，如为了弥补在家电行业的软肋，2005年6月，万达与国美签订了排他协议，联手拓展家电线下市场。

庞大如万达这样的"商业帝国"，对商家的先期锁定决定了其看起来似乎有点"千篇一律"的商业平面（图1-1），尽管万达广场后期的外立面各式各样。

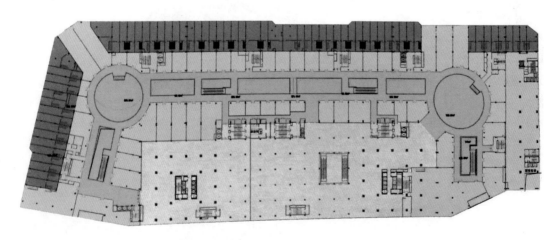

图1-1　"千篇一律"的商业平面——无锡惠山万达广场二层平面图

从万达广场商业平面来看，室内商业走廊基本为"一"字形，一侧为大量的小铺，另一侧以大店铺（主力店）为主。此处也是上部塔楼落位之处，但塔楼核心筒尽量偏于一角，以免影响使用效率。

对于其他地产开发商来说，在先期的概念方案阶段，就应引入主力商户进行平面上的对接，以保证商业的物业条件符合商家的需求。要绝对避免的是商场竣工只是建筑这一"容器"完成，而里面的"内容"几乎是空白的。但实际上，这种情况并不罕见。SOHO中国在北京市第一次建设的建外SOHO，就是属于这种情况，再加上商业空间布局的不合理，导致入驻的商家经营困难。

体现在商业布局上的商家的需求包括以下几个方面：

（1）位置 不同档次的品牌对商场的入驻要求不同，包括楼层、平面、相邻商家选择等。从楼层来说，零售功能尤其是其中的高端品牌，喜好低楼层，而餐饮、影院等功能则不介意布置在高楼层；高端品牌偏好项目最好的位置，有足够的对外独立展示的窗口，一些著名的快时尚品牌如ZARA、H.M.等也是如此。品牌商家也十分关注邻居是谁，是否和自身处于同一品牌档次，或者是否能够为自身带来更多的人流量等。

（2）面积 商铺本身也是一种商品，根据西方经济学中对商品需求的定义，城市商铺需求是在一定的租金水平下，经营者愿意并且能够租赁的商铺面积。商铺的面积需求与两方面的因素有关，一方面是其自身的经营需求，另一方面是商铺所在地的市场需求。

从自身经营需求来看，对于店铺面积有一个基本需求，如对于多厅影院来说，极限状况下不能少于3个厅，总座位数量不能少于500座，否则难以维持和经营。另外，影厅数量也不宜超过12个，因为按照目前的片源情况来看，过多的影厅难以保证有足够的片场供应，反而不经济。观众厅合理数量范围为4~10厅，总容量基本在600~1500座。根据盈石集团研究中心的研究发现，七成影院的需求面积段集中在3000~5000m^2，其中一大部分原因在于该面积符合品牌资金能力。以行业对影院投资的计算方式，平均单位座位投资成本约为10000元/座，按对应面积段每个座的平均面积3.6~4m^2计算，一家3000~5000m^2的影院投资成本为750~1400万元。从市场层面来看，影院品牌青睐该面积区间段，也是因为它符合市场的主流需求。3000~5000m^2对应的厅数一般为5~8个，可同时容纳750~1390人。

当然，商铺面积选择还受商场定位和总出租面积的影响。过大的主力店单店面积可能会因为过大，而挤占了承租能力更高的商业业态的面积，因此，商场在前期招商时需要仔细斟酌和权衡。

（3）物业条件 物业条件作为硬件对于商户选择落位也是至关重要。物业条件包括动线设计、商铺开间、进深、净高、荷载、配套设施等方面。商家选择商场，首先会判断动线设计是否合理。从某种意义上来说，商户可能比开发商更懂商业动线布局，动线的致命缺陷会严重影响商户落户的意愿，因为没有一个商户会愿意进入一个人流引入不佳、日常运营困难的商场内。其次，商铺的开间、进深、净高、荷载、配套设施对于商家能否入驻也非常重要。以超市为例，按照不同档次和定位，其所需要的物业条件会有所不同，见表1-1。

表1-1　三种主要超市类别的物业条件

类别	精品超市	大众化超市	仓储式超市
特点	以高端消费者、高收入阶层为目标客户，其商品为高端日用消费品	以大众人群、中低收入阶层为目标客群，其商品为大众消费日用品	一种带有批发性质的批售式商店，常采取会员制
品牌列举	Ole'、BLT、BHG、City Super等	沃尔玛、家乐福、永旺、华润万家、大润发等	麦德龙、山姆会员店等
承租面积	1000~6000m^2	8000~30000m^2	7500~20000m^2
楼层要求	最好单层，最多两层，一般在负一层到地上二层之间	一般在负一层到地上三层之间，单层面积多不小于7000m^2	单层，位于地面一层或地下一层
层高	不低于5m，净高不低于3.3m	首层层高一般在5m以上，净高4m以上	层高8m，净高5.7m以上
柱距	≥8m×8m为佳	≥8m×8m为佳	≥9.5m×9.5m为佳
荷载	≥500kg/m^2，冷链及库房区不低于1000kg/m^2	600kg/m^{2}以上，局部库存区需要1000kg/m^2	2500kg/m^2
卸货区要求	300m^{2}左右	≥500m^2	专用地面卸货区

综上所述，尊重商户需求是商业建筑规划设计的重要前提之一。但在操作时，也要避免过于短视，唯开业率、招商率论，因为对于一个成功的商业项目来说，招商率并不决定一切，还要统筹规划。有时商户的需求可能与商场这盘"大棋"有相悖的地方。比如说，主力店的需求满足对于一个商业项目来说很重要，但如果在布局时过多地倾向于主力店利益，使得项目的其他部分反而不能获益于主力店，那么主力店的作用也就丧失了。举个例子，一些大型超市常要求设置独立出入口，甚至不考虑与购物中心的连接，或连通口很不起眼、相对独立，这种布局方式常导致地下大卖场及其连带的小吃铺、小零售铺十分火爆，但楼上商业却冷冷清清，地上、地下形成了强烈反差。

1.1.2　谨慎控制规模

商业建筑不应盲目追求大体量，而应在前期充分的市场调查基础上，合理地测算商业规模。有一种业内常用的衡量指标是商圈饱和度（IRS），也称为每平方米的商品销售额或坪效。该数值可以帮助经营者用已知的毛利与经营费用的比率，对商店的利润进行预测。

$$IRS = C \times RE/RF$$

式中　IRS——某商圈的商品饱和度；

　　　C——某商圈商品的潜在顾客；

　　　RE——顾客平均购物金额；

　　　RF——商圈内同类型店铺总面积。

该公式用于测定特定商圈内某类商品的饱和程度，反过来也可用于倒推算出商业面积 RF=C×RE/IRS，其中 C 即顾客数与商品的商圈范围有关，不同业态所对应的商圈范围是不同的。RE 则与城市人口消费力（可支配收入）和消费习惯有关。

有一种粗略的说法称为城市人均商业面积标准，也可采用此公式计算。如上海 2014 年常住人口为 2425.68 万人，社会消费品零售总额为 7760.75 亿元。假设 IRS 为 10000 元 /（m^2·年）（上海商业平均租金为 900 元 /m^2·月），则人均商业面积为 7760.75×108/（10000×2425.68×104）=3.20（m^2/ 人）。当然，对于某特定购物中心某种业态的可拓展面积大小，还需根据其具体的辐射商圈的范围进行精细计算。

1.1.3　市场定位合理

在商场定位上不盲目追求高档，而是根据项目区位在市场研究分析的基础上研判目标消费者的规模和消费特点，在选择上不以大品牌为上。

商业的定位主要基于两个方面，一方面是基于辐射的区域范围和规模，另一方面是基于其产品（所售商品和服务的类型）。购物中心的分类就具有以上特征，如传统购物中心可以分为八种基本类型。ICSC 定义的八种类型为邻里购物中心、社区购物中心、区域购物中心、超区域购物中心、时尚 / 专卖店、能量中心、主题 / 假日购物中心、直销店购物中心。当然，简单地把商场归于以上某一类是比较困难的。目前国内社区购物中心、区域购物中心、超区域购物中心、直销店购物中心发展较快，但邻里购物中心、时尚 / 专卖店、能量中心、主题 / 假日购物中心较少，还有待发展。

另外，一些购物中心的类型较难被定义，有些可能是规模链条上的一个分支，如超级折扣购物中心。在美国有这样一类购物中心，面积通常达到 200 万ft^2（约合 18580.61m^2），包括工厂直销店、百货店、尾货店和低价专卖店。还有一些小型购物中心，包括垂直型、折扣型、家庭改善型和汽车维护型等。随着差异化和细分化趋势的发展，会有更多类型的购物中心出现。

只有先确立了商业定位，才能进行正确的品牌选择和业态组合。业态组合模式也并非一成不变，并没有完全正确和错误之分。有时候可能需要打破现有模式，寻求其他可能的组合方式。在一家小型购物中心，杂货店、干洗店、中餐馆以及休闲用品店可能代表了成功的4个关键租户种类。而在一家大型购物中心，时尚、服务、娱乐和餐饮加上百货商店则一般构成了比较合理的战略组合。

1.1.4 注重可持续运营能力

商场开业后能否可持续运营非常重要。硬件设计一方面要为初期招商创造良好条件，另一方面也要能适应业态品类布局的调整。需要强调的是，前期尽早确定主力店可减少风险，提高商业空间利用效率，因此对商业项目运营至关重要。国外成功的购物中心都是采取"先招商后建设"的策略，即只有在主力店招商完成了80%以后，才开始进行整体设计工作。主力店如影院、超市、百货和一些娱乐业态，都对空间高度、大小、形态有具体要求，因此尽早确定主力店，也可避免后期引入所导致的硬件改造造成的损失。

但招商的结果并非一成不变。一般会有两种情况发生，一种是主力店由于经营失败而撤场，如果开发商没有准备的话，这对于项目来说将是致命的，因此在应对此类问题时，一方面要在招商时注重主力商家抗风险能力即实力的判断，另一方面也要注意商场的业态结构应尽量合理，如主力商家的面积占整个商场经营面积的30%~50%较为合理。另外，由于业态比例和品类调整是市场因素下的调整，也是不可避免的。在前期的空间设计、机电设备、结构荷载等应预留一定的余量。比如，零售功能改成餐饮功能，如果前期排油烟设施、电量供应方面不做预留的话，后期要改就会遇到极大的问题，当然，前提是在消防问题已解决的情况下。目前国内一些购物中心的主力店也在做调整，一般趋势是大型主力店变成若干中小型次主力店、专卖店等。具体的拆分方式见表1-2。

表1-2　购物中心主力店调整策略

序号	替代组合模式	案例
1	零售类主力店 + 品牌集合店 + 专卖店	深圳万象城
2	品牌集合店 + 专卖店 + 配套	北京西单大悦城
3	休闲体验 + 快时尚	万达广场
4	高端食品超市 + 快时尚	中华广场

另外，商业要实现可持续运营，统一招商、统一管理、统一运营非常重要。发展良好的商业项目在前期不应依赖出售变现的方式，产权分散常常会严重影响后期的持续运营。商业本身由于成长周期问题，发展商应采取"养鱼"政策，熬过这一成长期——成熟商圈可能要 2~3 年，新社区需要 5~8 年。商业流通业属于充分竞争行业，行业收益率趋于平均化⊖，比如，大型零售业净利润可能只有 3%~4%，商家对成本的承受是有底线的，应合理确定租金、物业费等外部成本。

1.1.5　重视前期规划

商业项目要特别重视前期零售规划设计。有数据统计，国内约 70% 商业地产项目都是因为整体布局先天不足而造成失误或失败的。零售商业规划包括动线规划、交通规划、空间规划（开间、进深、净高）、停车设施规划、机电配套规划等内容。

前期规划中，其中动线规划是重中之重。动线规划包括出入口选择和商场内顾客主流线规划两方面内容。商业出入口以城市主干道交叉口为优先，因其具有较好的展示性。出入口也是室内动线的首与末，它的选择对于室内动线的布局至关重要。它就像绳的两端一样，找到两头，至于中间如何曲折，相对就比较好把控了。室内动线设计主要有两种：单线和复线。许多开发商青睐一字形单动线设计的购物中心，是因为该动线布局可使得动线两侧的商铺可达性强、辨识度较好，具有均好性，相应地同层内商铺价值相对一致，较少死铺，而且不易使人迷路。有时因为商场规模太大，主力店数量较少，基地腹地较"厚"等原因，一字形单动线无法解决内部商铺格局问题，这时可能要采用复动线做法。复动线尽管不如单动线简洁流畅，但也确实可以解决一部分基地形状或业态组合带来的动线布局问题，建议优先采用环形动线或 8 字形动线等可以连续走通的动线，或者是一条主动线加局部的辅助小动线。前者要解决内部空间不易辨识，人容易迷失，从而易产生烦躁情绪的问题；后者要注意辅助小动线如何结合特色业态或目的性强的业态设计以免出现死角的问题。

⊖ 从利润率来看，零售净利润相对较低，为 4%~9%；餐饮业为 8%~15%；服务业为 9%~15%；娱乐业相对较高，为 15%~25%。

1.2 树立品牌战略意识

1.2.1 商业建筑的品牌价值

随着国内商业地产的快速发展，追求品牌化成为很多知名商业开发商不约而同的选择。品牌，《牛津大辞典》解释为"用以证明所有权，作为质量的标志或其他用途"，即"品牌"是区别不同产品特点及品质的"符号"。

由于国内目前可供选择的商户类型有限，许多已建成的商场都面临着业态同质化的风险。在一些三、四线城市开发第一个购物中心时，由于市场不大，开发商容易抢占先机、获得成功，这在前几年各地的商业开发中被不断验证。例如，万达广场在很多三、四线城市的核心地段一开业就往往成为当地的商业中心，这一方面因为其全家型的"一站式"定位很好地满足了当地市民的消费需求，另一方面也因为这样的一个购物中心其商业规模正好辐射到了当地全部人口。

但在成熟市场，一种定位、一个商场往往很难覆盖所有顾客，而相同定位的商场之间又易形成恶性竞争。品牌化的根本意义在于创造差别来使自己与众不同。商业建筑对于地产开发来说具有产品属性，产品开发采取品牌化战略是很多商业地产开发商发展到一定阶段的标志。

那么，商业建筑的品牌化究竟有哪些价值呢？简而言之，不外乎以下几个方面。首先，建立品牌有利于实现差异化竞争。如华润的万象城品牌与凯德置地的来福士品牌，就有较大的差异，前者定位为高品质购物中心，强调对城市生活方式的引领；后者则定位为"未来科技＋服务＋设计"，注重创新和科技元素。因此，前者在商场内引入了较多的中高端零售品牌和以家庭为主体的娱乐业态，后者则喜欢个性更强的特色商户。

其次，树立品牌可产生客户黏性。当顾客对某一品牌产生了依赖感之后，就会形成一种特定的偏好。再以万象城和来福士为例，前者的服务对象是城市的中产阶级，一些以家庭为主的消费者是万象城的忠实客户；后者则以年轻消费者为目标客群，追求个性与时尚的年轻人将"来福士"视为购物朝圣地。

再者，品牌价值还体现在对优势资源的吸引力上，包括优秀的商户资源和地址资源等。以前面提到的华润万象城为例，该品牌在市场上具有强大的号召力，比如，很多租户都把万象城作为旗舰店所在地，并随同华润的商业地产开发在全国拓展，可以说华润正是通过万象城品牌吸引了大量优势商户资源。这些好的品牌也更易获得各地政府的青睐与支持，从而在好的位置开店，即所谓的地址资源。如万达广场在三、四线城市受到青睐，并不仅仅因为规模效应，更在于为当地带来的崭新生活方式，和对当地流通物业发展所作出的贡献。因此，万达比起其他开发商更易得到地方政府的认可，从而在择址上获得更大的竞争优势。

1.2.2　商业建筑的品牌打造

要打造一个优秀的商业建筑品牌，开发企业需做到以下几点：

（1）优质的商户储备　以华润万象城为例，其合作的商户品牌以国际知名品牌为多，且大部分租户的租期长。万象城的特点之一在于拥有一揽子主力店合作品牌，如 REEL 百货、泰国尚泰百货、"冰纷万象"溜冰场、嘉禾深圳影院、百老汇韩国美嘉欢乐影城、Olé 超级市场、City Value "华润万家"等。这些租户都是其他商场难以与其展开竞争的优势资源。

（2）成熟的运营能力　优秀的商业地产开发商对商业物业的运营方式基本以自持为主，如凯德来福士的运营模式就是自身长期持有物业，在此基础上自营或招商，从而有效地保证了对优质品牌的把控及后期商业管理运营的统一性。瑞安集团在"天地"系列开发中，商业物业也是以持有出租为主。中粮集团在"大悦城"品牌开发中，同样秉持了长期持有、独立运营以获取物业租金回报的方式。

（3）强大的资本支持　商业建筑的品牌塑造离不开强大的资金实力。如凯德置地便是熟练运用"地产开发＋资本运作"模式实现来福士品牌的成功。凯德置地在商业地产的全生命周期运作中，构建了一条从开发商到私募基金再到REITs（房地产信托投资基金）的完整的投资和退出流程（图 1-2）。

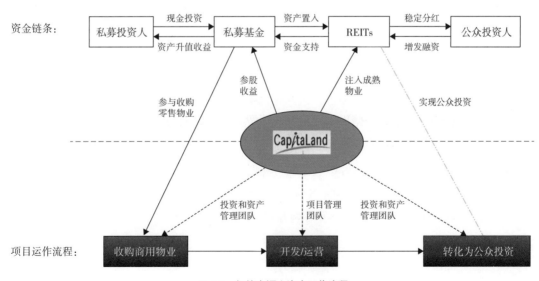

图 1-2　凯德来福士资本运作流程

（4）稳定的消费族群　商业建筑品牌的目标之一在于形成一个相对稳定的消费族群，从而保证其每个项目的开业满铺率和开业的成功。中粮集团为吸引20~30岁的青年白领群体及年轻家庭消费人群，专打时尚品牌。策略是在"大悦城"系列购物中心中利用商业高层区开发了多个独具特色的艺术街区，如位于上海大悦城八～九层的"磨坊166"、天津大悦城五层的"骑鹅公社"以及后来的"神兽寺街"等文艺街区。这些街区强调原创的、颠覆的、艺术的、不可复制的品牌理念。这些艺术街区具有极为鲜明的特色，一经推出便吸引了大量的时尚青年粉丝（图1-3）。

图1-3　天津大悦城五层的骑鹅公社

1.2.3　商业建筑经典品牌案例及其规划设计特点

商业建筑的品牌塑造体现为规划设计的另一个思考层面，即从品牌高度打造商业建筑或商业中心，这是一种将目标人群、品牌主张、个性和洞察有效结合的开发策略，也指导和影响着建筑的规划和设计。

从另一个角度来说，研究和分析商业建筑不同品牌系列，可以帮助设计师把握商业建筑发展趋势，洞悉商业建筑设计的本质。

国内许多较为成熟的开发商都打造了自身的商业建筑品牌，如华润、凯德置地、中粮、瑞安、新世界、万达、保利、龙湖等。这里以前五位为例来做分析和比较，使大家更清楚地看到品牌战略是如何自上而下引导设计方向的。

1. 华润及其"万象城"系列

华润在国内的商业品牌的确立最早从深圳万象城项目开始，该项目定位为高端品牌。之后随着华润商业地产在国内版图的扩大，又延伸出来了一个中高端品牌——"五彩城"和一个中低端品牌——"欢乐颂"。这三个子品牌在选址和商业规模上有一定的差别，并且在国内都有一些项目案例（见表1-3）。

表 1-3　华润商业子品牌比较

子品牌名称	购物中心规模 / 万 m²	定位特点	选址特点	案例
万象城 （高端）	12~24	都市 商业综合体 / 城市级购物中心	一、二线城市商业副中心为主	深圳万象城、杭州万象城、成都万象城、青岛万象城
五彩城 （中高端）	8~12	区域级 购物中心	一、二、三线城市区域中心	北京五彩城、合肥五彩城、余姚五彩城
欢乐颂 （中低端）	5~8	邻里级 购物中心	一、二、三线城市成熟居住区	哈尔滨欢乐颂、深圳欢乐颂、成都339欢乐颂

（1）选址与定位　万象城选择落位的城市一般为周边区域性经济中心城市，这些城市同时要具有较强的消费能力，如深圳、杭州、上海、重庆、沈阳、青岛等。在商圈选择上更青睐城市新城区的核心地段、核心商圈（15min 步行范围内），且在该区域范围内须聚集相当数量的中高收入人群，交通便利。万象城的客户定位为城市的中产阶级、以家庭为主的消费者。

（2）规划设计特点　万象城购物中心一般只有一条主动线，所有的店面都分布在动线两边（图1-4）。这样的布局一方面使得店铺的均好性、可视性和通达性强，另一方面也因为万象城内中高端品牌和主力店较多，要求的进深比较大。万象城对于交通条件的要求较高，一般情况下都会接驳地铁。

（3）招商与业态特点　主力店在万象城的平面布局中有着重要意义。在租户组合上，优先确定主力店，再全面招商。由于万象城的定位为中高档，其租户品牌中国际知名品牌多，且大部分租户的租期长。万象城的四大经典主力店组合为百货、影院、超市和溜冰场。这些主力店的合作品牌包括 REEL 百货、泰国尚泰百货、嘉禾影院、百老汇等（图1-5）。

（4）租售与运营策略　华润对于商业地产的运营策略是以出租为主，辅以

图 1-4　成都万象城一期单动线布局

a）

b）

c）

d）

图 1-5　杭州万象城主力店品牌

a）尚泰百货　b）Olé 超市　c）缤纷万象冰场
d）百老汇影院

小部分出售，且出售部分一般为室外商业街，购物中心则完全持有。通过商业等（如酒店、办公）持有物业的长期运营，实现资产增值。与商业地产相伴的住宅项目则完全出售，以实现资金平衡。

2. 凯德置地及其"来福士"系列

凯德置地集团在国内商业地产方面创造的经典品牌，就是其"来福士"系列。早期在上海开业的来福士广场（2003年）就受到市场好评。近几年随着宁波来福士、杭州来福士、上海长宁来福士等项目的陆续开业，来福士广场在国内加快了发展步伐。

（1）选址与定位　来福士广场一般选址于知名城市的中心位置和交通枢纽，项目本身以塑造城市地标为目的，辐射范围广。客户定位为年轻消费者，设计彰显个性与时尚。

（2）规划设计特点　来福士广场购物中心内常会出现多重动线或环形商业动线，究其原因在于其主力店较少，次主力店和特色店铺较多，导致店铺分割较多，单动线的格局难以成立（图1-6）。就交通条件而言，一般也会接驳地铁。

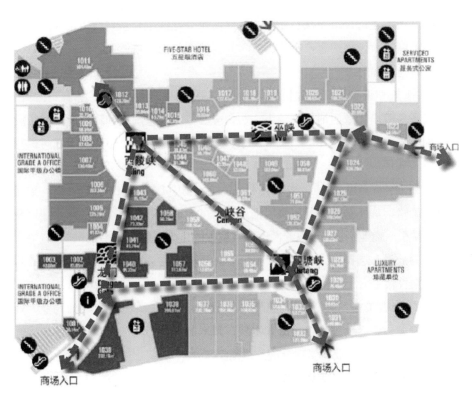

图1-6　成都来福士多动线布局

（3）招商与业态特点 来福士的运营模式是自身长期持有物业，进行自营或招商，从而有效保证了招商过程中对于优质品牌的把控及后期商业管理运营的统一性。

凯德在成本收益方面有很高的标准，在商场内部，主要用次主力店去充当主力店的作用，这样可以规避主力店的低租金、长租期，同时提高次主力店的租金收益。

来福士广场的功能定位常常是复合型的，除零售功能外，餐饮、健身运动、休闲娱乐都被包含其中，且多种业态相互联系，共同运作。

（4）运营特点 凯德置地善于通过资本运作实现地产开发。项目运作的操作流程为基金收购商业物业，通过一定时间的开发和运营，形成成熟物业，并最终通过REITs（信托）转化为公众投资。这样凯德构建了从开发商到私募基金再到REITs的一条完整的投资和退出流程。

3. 中粮及其"大悦城"系列

中粮最早在北京建成和运营"朝阳大悦城"（2003年），之后分别在上海、成都、天津、烟台都开发了大悦城项目。目前大悦城系列在年轻人中已有较强的品牌效应。

（1）选址与定位 一般选址于上海、北京等一线城市和天津、沈阳、成都等二线城市，并选择市级核心商圈的重要商业节点或主要新兴高档住区的成长型区域商圈。大悦城的客户定位为20~30岁的青年白领群体及年轻家庭消费人群，以时尚品牌为主。

（2）规划设计特点 大悦城购物中心的主力店较少，而次主力店和特色店铺较多，因而导致店铺分割较小。购物中心也常有次动线和环形商业动线设计，如西单大悦城（图1-7）、朝阳大悦城等，使得空间较为复杂，方向识别性较弱。

（3）招商与业态特点 中粮对于大悦城购物中心也是采取长期持有、独立运营的策略，从而获得物业租金回报，未来可实现REITs资产证券化。在招商方面常常引入商业资源，重视首次引进某城市的品牌，在商圈内展开错位竞争。

在商业业态选择上，采用专业店代替主力店，靠多个面积在800~1000m² 的中型店来替代主力店的作用。

（4）运营策略 大悦城前期开发时如北京西单大悦城项目无可售物业，资金压力较大；而后期项目如上海大悦城，则增加了办公楼、公寓等可实现销售的物业，从而基本上获得了现金流的平衡。

4. 瑞安集团及其"天地"系列

瑞安集团在上海最早开发的"新天地"（2001年）成为与旧城改造相结合

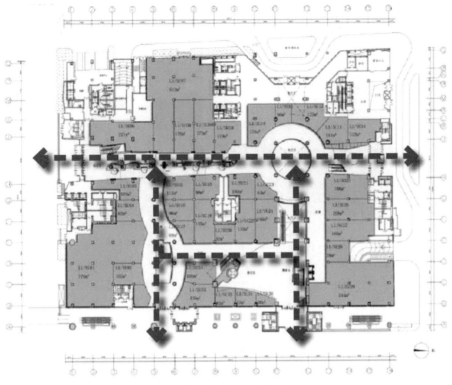

图 1-7　西单大悦城环形动线布局

的商业地产的标杆项目。"天地"系列一般以商业综合体形态出现，除商业功能外还有办公、公寓、酒店、住宅等功能。已开业的天地项目中唯有杭州西湖天地项目比较特殊，为纯粹的商业街区开发，没有其他附属功能。

（1）选址与定位　瑞安"天地"系列青睐经济较发达的中心城市如上海、杭州、重庆、大连、武汉等，选址灵活，对环境景观和交通条件要求较高。很多"天地"项目为城市中心区的旧城改造项目，开发规模和体量均较大。"天地"系列项目的客户一般以高端人群为主，商业定位为生活时尚中心，试图营造为高端消费群而服务的居住、休闲聚集区。

（2）规划设计特点　由于"天地"系列项目很多会结合旧城改造，瑞安集团在开发该类项目时会力求配合当地政府的整体城市规划，并把当地的文化特色和历史融入项目的设计策略中。在规划中会倡导用现代手法演绎传统，打造休闲氛围，常采用街区式设计手法，以独栋建筑为主，并注意商业与旅游元素的结合（图 1-8）。

（3）招商与业态特点　"天地"系列的租户选择十分强调与之高端定位相适合的格调和品位，如上海新天地就曾引入 UME 国际影城，VIN 酒类零售店、

图1-8 武汉新天地街区式布局

HUGO BOSS、Y+瑜伽馆，保罗贝香等相对比较高端的品牌。

（4）运营策略 "天地"系列的商业、办公和公寓一般采用租赁方式，酒店则委托管理。由于其巨大的开发规模，通常以商业、住宅开发为优先，分多期逐步开发。商业开发和运营成功与住宅出售市场形成联动，住宅通过成功的邻近商业物业开发实现高溢价。

5.新世界集团及其"K11"系列

长期以来，新世界集团曾将其零售物业项目聚焦于百货商场——新世界百货，近年来实体百货发展出现瓶颈，也促使其向购物中心方向进行探索。于是，在其成熟领域——传统百货模式之外，新世界又开拓出以"K11"为代表的新型商业地产运营模式。

（1）选址与定位 新世界旗下的K11购物中心已在香港、武汉、上海等城市开业，并进驻沈阳、天津、广州、北京、武汉、宁波、贵阳等地。K11购物中心一般选址于城市中的商业中心、文娱中心以及艺术中心，客户定位为25~50岁追求现代生活的社会消费群体。K11的规划设计始终秉持立足当地文化底蕴的理念，注重营造国际氛围和艺术气质，而非一味追求高档、高端氛围。

（2）规划设计特点 早期K11购物中心的商业动线受百货布局的深刻影响，如上海K11（图1-9）、武汉K11一期等项目，这些项目的共同点是打造"艺术展"式的商铺，给顾客提供体验式购物场景。沈阳K11则把商业与艺术的融合推向了比以往项目更高的境界，开创了所谓的"博物馆零售模式"。

（3）招商与业态特点 K11购物中心以艺术文化活动代替休闲娱乐业态，试图打造观赏型、消费型、互励型的购物中心。在业态组合上，零售业态占绝

图 1-9　上海 K11 购物中心内景

大比例，餐饮和配套服务则为辅。

（4）运营策略　K11 购物中心善于发掘和融汇艺术项目的运营能力，并具
有将其转化为盈利模式的运营能力。

6. 小结

综合以上五种经典品牌，我们看到每个品牌都有不同的特点和定位，表 1-4
总结和归纳了这些品牌在商业运营模式、商业定位、规划设计特点及业态特色
等方面的异同点。

表 1-4　购物中心品牌开发特色比较

开发商	购物中心主打品牌	商业运营模式	差异化定位	规划设计特点	业态特色
华润	万象城	长期持有	高品质购物中心、引领城市生活方式	动线简单、高效	大型主力店
凯德置地	来福士	长期持有	未来科技＋服务＋设计	多种动线形式	去主力店化，以次主力店替代
中粮	大悦城	长期持有	生活中心——全服务链的城市综合体	多种动线形式	特色文艺街区，去主力店化
瑞安	天地系列	长期持有	商业＋旅游＋文化/旧城改造	街区式	零售、餐饮为主
新世界	K11	长期持有	文化＋艺术＋自然	体验式购物场景，融汇艺术项目	人文互动＋艺廊＋自然元素

从表中我们可以看出，各大品牌在运营策略上均有长期持有商业的共同点，但在定位上又各有特色且旗帜鲜明，定位的不同导致招商业态也各有特色，因而采用的规划设计策略也就不尽相同了。

1.3　站在城市设计的高度

城市繁荣与否取决于公共空间的活力，而公共空间的活力离不开商业活动的支撑。无论是城市更新、轨道交通综合开发还是新城发展，在城市规划和设计中都需要考虑商业规划的内容。反过来，对于商业设计，也首先要站在城市设计的高度来看待。

1.3.1　城市要素整合

1. 环境要素

城市要素包括环境、交通、人流等方面，以环境要素为例，商业建筑的发展越来越强调与城市环境的协调与融合。在高密度地区，稀缺的土地资源使得开放绿地的营造显得极为珍贵。如果将一些大型商场的屋顶打造成城市公园，这些屋顶就可以成为市民共享的休憩平台。此类商业案例越来越多，如深圳中心城的设计理念就是以倡导"生态景观式休闲消费"为目标，在大型购物中心屋顶上打造了一个生态公园（图 1-10）。日本二子玉川 Rise 购物中心的设计概念则是在多摩川优美的自然环境中以与自然和谐相处为原则，营造城市与自然交融共生的商业街区。尤其难能可贵的是，二子玉川 Rise 购物中心屋顶设计了都市农庄、湿地等景观，营造了一片自然田园风光，使得这里成了生态桥梁和鸟类栖息地（图 1-11）。

除了带屋顶花园的商业中心与城市环境相融合，地下商业也与城市资源连接在了一起。莫斯科三大著名购物中心之一——马涅什广场地下商场，也称为猎人商行，地下 3 层，有 88 家商店、16 家餐厅和咖啡厅。有意思的是，莫斯科考古博物馆也在马涅什广场下面，逛完马涅什广场地下商场后，也可以去逛博物馆（图 1-12）。如今马涅什广场地下商场已成为重要的旅游目的地，每天客流量在 8 万 ~10 万人。

2. 交通要素

交通要素整合是另一个在前期城市设计时应重点考虑的内容。商业空间可

图 1-10　深圳中心城屋顶生态公园

图 1-11　日本二子玉川 Rise 购物中心屋顶花园

图 1-12　莫斯科马涅什广场地下商场

被视作步行系统的一个组成部分。因此，若从城市设计的高度来看，商业动线也应融入城市步行网络中，无论该商业是开放抑或封闭的。美国捷得建筑事务所曾提道："我们把设计作为大城市结构中的一些有强度的节点，我们工作的场所比一个建筑大，但是小于一座城市。……这些地方所充满的城市实体激活了所有复杂的城市经验。"因此，商业建筑设计有时会关注一些比常规建筑大，但比城市小的地块，这里有充足的城市物质元素来激活一系列的复杂经验。连续性和统一性是整合交通要素的重要目标。大量的商业建筑动线设计手法都由此展开。商业建筑通过连续的动线把被城市交通割裂的空间整合在一起，从而形成真正的"步行城市"。日本丸之内区域聚集了总量占日本GDP60%的大企业，是重要的经济中心，它通过一个四通八达的地下商业街把地面上几十块小办公街区连为一体，这些建筑大多为大型银行与三菱财团旗下的企业大厦。丸之内最早的两次开发都以办公和银行设施为主，到了2000年前后，由于昼夜人口的差异太大，开发商三菱集团意识到丸之内不能只是办公场所，也要引入商业元素。随后便引入了咖啡馆、精品店以及美术馆等各类商业和艺术设施，这些设施遍布地上、地下，成为楼与楼之间的纽带。

除了地面交通对城市步行系统的割裂外，铁路设施也会破坏城市步行系统。这时候通过地下或空中商业体可以把断裂的步行路线接续起来。日本的大阪梅田站前综合体就是一个非常典型的例子。大阪站是一个大型的综合火车站，是JR线、阪急线、阪神线及3条地铁线交汇的交通枢纽。大阪梅田站地下有阪急三番街，地上有阪急百货店、大丸梅田店及Lucua大阪店，其中大丸梅田店位于地下二层至地上十五层，顶上还设有酒店设施、健康医疗设施等；Lucua大阪店位于地下二层至地上十层，顶上也另设有大阪站影院、健身俱乐部、婚礼剧场等。这两处商业设施横跨大阪车站线的两侧，在空中四层、六层都有平台相连接，形成了跨越在车站上方的左右互通的商业广场，购物者与旅客可以几乎无干扰地自由行动，原来被大阪交通线割裂的城市空间又衔接在了一起（图1-13~图1-15）。

1.3.2　突显地址个性

商业建筑设计有时超越了建筑本身的范畴，它会关注城市中人们的福祉以及人们对所在城市的归属感、自豪感。一个优秀的商业建筑设计应是从地址中生长出来的。从物质角度来看，它与城市空间相融合，顺应城市生长肌理。如昆明顺城商业中心就是这样的一个典型案例。它把步行系统融入城市街区，打造了类似城市村落般的小尺度空间，通过提供一种真实的公众生活，唤起人们独特的体验（图1-16）。从文化角度来看，商业建筑也可成为当地文化的有机

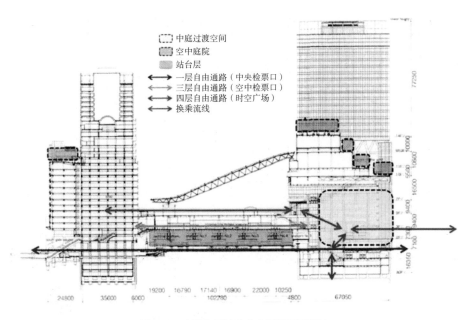

图 1-13　大阪梅田站公共空间剖面示意图

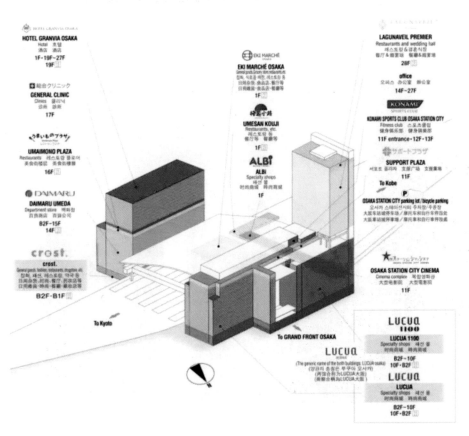

图 1-14　大阪梅田站内商业布局示意图

图 1-15　大阪梅田站内连接车站两侧的"时空广场"平台层

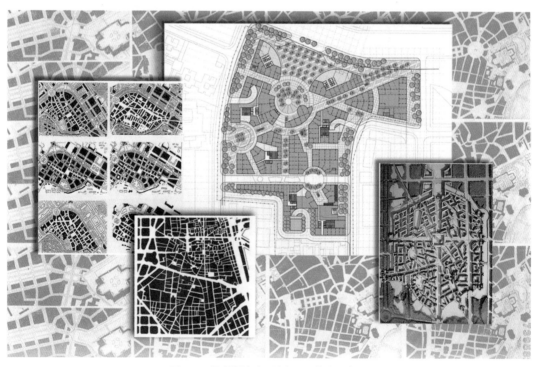

图 1-16　昆明顺城融入城市肌理的商业布局

表达，体现城市的独特性。美国捷得建筑事务所设计的圣迭戈的霍顿广场，灵感取自于西班牙以及亚热带南加州的阳光、色彩与阴影，建筑中采用的多种阳台、风雨长廊、塔、桥等元素，反映了圣迭戈城丰富的历史和气候特征。该项目由6个历史街区组成，但在设计中始终强调将新的设计编织进现存的城市结构中，体现了对城市肌理和文脉的尊重（图1-17）。

1.3.3 创造公共空间

商业功能倾向于把私有领地变为公共领域。传统购物中心的中庭原来属于私属领地，但随着中庭空间的公共化趋势愈演愈烈，有些也伴随着购物中心由封闭转向开放。公共化的提升，使得中庭成为各类事件发生的场所，包括各类商业活动，客观上使免费的空间带来经济上的回报。机场、火车站等公共设施随着商业的植入和渗透，其公共性也进一步增强了，不再只是为旅客服务，而是为城市所有的人服务。

商业功能还可以使城市消极空间变为积极空间。如城市中的高架桥常常把城市空间割裂，令经过的路人焦躁不安。但日本东京就将一些城市高架下方的空间变成了餐馆、酒吧，从而成为年轻人夜生活的领地。这样一来，城市的活力不仅没有被削弱，甚至更为强化了，且独具魅力（图1-18）。

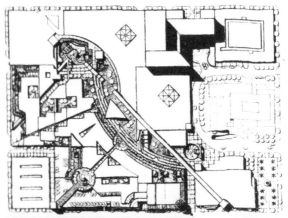

图1-17 圣迭戈的霍顿广场
（上：总平面图；下：实景照片）

图1-18 日本东京高架桥下的商业

23

1.4 基于物业资产管理

商业建筑既是资产，也是物业。这一点意味着商业建筑建设者、所有者、运营者三者可以分开，当然有时其中的两或三个角色也可以由同一个对象承担。在美国，由于房地产投资信托基金（REITS）模式的成熟，大量的购物中心为该类基金所有。也就是说，信托基金拥有了大部分的购物中心资产，且会长期持有。REITS 的发展意味着购物中心的公共所有权的增加，这一方面为购物中心的建设和运作融得了更多的资金，另一方面使得购物中心作为资产受到监管。

购物中心若在建成后出售，或运营一段时间在价值出现峰值时再出售，就需要关注是采用分散出售抑或整体出售（也称为资产打包）的问题。分散出售意味着业主类型是分散的小业主或私人投资者，整体出售则意味着业主可能是私人投资者、机构（养老基金、保险公司等）、银行、基金（如前文所述的房地产投资信托基金 REITS）。分散的小业主在资产管理上缺乏协同性和长线考虑，因此对于物业运营过程中的各个阶段的监管可能存在问题。而 REITS 这样的公共所有权代表的基金，由于金融结构、税收、收入等原因，不大可能出售物业，因此无论是长线还是短线考虑，其自身不仅行使着资产管理功能，而且对物业经营过程中的各个阶段的监管起着非常重要的作用。

对于一个运作健康的购物中心来说，统一运营、管理和营销都相当关键，其最终目标是实现其物业价值的最大化。很多购物中心运营者与所有者分开，但他们必须在为该资产设立的收益目标上达成共识，以化解运营过程中面临的某些决策上的矛盾。

从规划设计角度来说，有几个方面对购物中心的价值提升具有重要意义。

1. 规模

规模会影响到商业建筑未来的收益和回报，但较大的规模也会带来较大的成本投入。大多数情况下，与长期的较高回报相比，人们往往会优先考虑短期的较低回报，因此平衡好购物中心的规模是必要的。但总体来说，较大的项目规模是一个优势资源。8 万 ~12 万 m^2 是一个相对可控（包括招商、规划、运营）的成熟规模，但从全球范围来看，不乏 20 万、30 万 m^2 的购物中心，或者通过多次扩建而成长到该规模的购物中心。此类项目由于规模足够大，不但可以容纳大量客流，辐射较大半径的商圈，同时由于体量够大，拥有充足的成长空间，使其项目具有不可再生、不可复制的竞争优势。如悉尼 Macarthur Square 购物中心经历了从 1979 年开业以来的 3 次扩建，从 5.8 万 m^2 扩展到 9 万 m^2，并成了一座超区域型购物中心。加拿大 West Edmonton Mall 作为巨型购物中心，面积达 530 万 ft² （约合 492386.11m²），目前又可增建 15 万 ft²（约合 13935.46m²）。其购物中心重整后的水上乐园，号称是全世界最大的室内造浪池，仅滑水道就有 17 条（图 1-19）。

图 1-19　加拿大 West Edmonton Mall 水上乐园

2. 混合

商业建筑在功能和业态上应强调混合，以提高项目的整体市场竞争力。从内部业态来说，除了传统的分销零售功能外，还有服务、娱乐等业态的引入，从而促进商业建筑作为业态集合的整体效能的发挥。从外部功能来说，通过整合办公、酒店、居住等设施，促进完整的城市生活链的形成。形成商业综合体，也有助于商业地产资产的保值增值，促进商业地产资产管理效益的实现。

3. 改造

随着商业地产发展的成熟，商业地产开发从侧重前期策划和招商合作转向后期运营，尤其是资产管理将成为行业发展的必然趋势。这也是保证商业项目持续增值的前提。商业项目作为一种可增值的资产，其最重要的衡量指标是资产化率（Cap Rate）。所谓资产化率是指资本投入到不动产所带来的税前净收益率，代表了物业可以创造的价值与物业本身作为固定资产的固有价值之间的比例。对于一线城市来说，商业项目的平均资产化率在 4.5%~5%，略高于办公物业。但对于单个商业项目来说，其改造的潜力决定了物业价值增值的空间。这种改造工作包括扩建、重新布局、重建等工作。扩建往往与新增主力店同时进行。由于新增主力店的引入，购物中心能扩大可租赁总面积。重新布局则可能包括内部动线调整、增加楼层（伴随结构加固的需要）、重修道路、出入口等。重建则是更为全面而复杂的工程，对购物中心来说是一个较大的革新。如失去主力店的传统购物中心等可能就需要进行较为彻底的重建工作，甚至将其转变为娱乐业态大大增加的购物中心、折扣店或直销店购物中心等。

商业建筑可供改造的潜力应在前期规划和初次建造时就适当考虑，如结构荷载预留，用地的可扩展性等。合理的柱跨、进深为未来业态调整提供可能，过窄的柱跨和进深为未来商铺的品牌提升会带来障碍或不小的改造成本，良好的后勤和货运系统能有助于减少商场改造时对运营中的商铺的不利影响，等等。

第 2 章
商业建筑案例成败之鉴

在过去 20 年中，我国经历了购物中心高速发展的黄金时期。据专业机构预测，我国购物中心的最大饱和度为 6500 家。一方面随着市场竞争的加剧，新建购物中心的门槛越来越高，另一方面已建购物中心也逐渐进入存量时代。据相关统计数据显示，截至 2016 年底，全国大中型购物中心项目数量已超过 4000 家（目前可能已经突破 5000 家），运营真正成功的比例却很低，不到 20%，且开业项目中近 50% 亏损。2015~2016 年，超过 50% 的新购物中心项目延期开业超过 6 个月，项目预租周期也从过去的 12~18 个月延长至 19~24 个月。一、二、三线城市同城购物中心坪效差距达 5~7 倍。但调查也发现，无论在一线、二线还是三线城市，在选址、规模、定位合理的情况下，购物中心成功的概率还是相当高的。若有差异化特色，避开同质竞争，规划设计无缺陷以及后期运营管理专业化，基本上能保证购物中心取得成功。

对于已建商业项目进行案例研究，分析其成败得失及背后的原因，我们可以发现其中的商业规律。如果能用这些规律来指引新的项目规划与建设，就能确保新建项目的成功，这也是商业案例分析的意义所在。

2.1 商业建筑案例成功的启示

2.1.1 规模合理

商业中心规模不是越大越好，也不是越小越好。前面提到商圈饱和度以及坪效指标是最基本的衡量标准，因此，对于某个区域在某个时间应有一个最佳的商业规模。这个在前期策划时就需要通过大量的市场调研进行测算而定。另有专家指出，在中国，一个较为理想的购物中心规模在 10 万 m² 左右（出租面积），里面设置 3~5 个主力店。当然，这也要根据具体情况再做调整，并非"铁律"。一般来说，商业规模判定的考虑因素有以下几个方面：

1. 城市条件

城市的差异决定了商业建筑开发的密度和规模。前文中提到不同城市由于常住人口不同，社会消费品零售价格不同、商业坪效不同，人均商业面积也不同。一般商业发达的城市、中心城市，其商业建筑密度和规模就会比商业欠发达城市、非中心城市大。尤其像上海、北京等一线城市，随着人口的不断导入，其商业密度越来越大，超级购物中心（20 万 m² 以上）的项目也越来越多，最典型的例子就是我国香港。香港人口密度大，消费水平也高，购物中心分布几乎已达到"一站一城"的地步，许多购物中心设置在相邻的地铁站。另外，一些城市尽管常住人口不多，但作为旅游中心城市，外来人口较多，商业建筑分布的密度和规模也比普通城市要大。

2. 交通条件

笔者曾经对不同层级商业中心⊖的规模与交通条件的相关性进行过研究。交通条件会影响商圈范围，并以此提出"潜在商圈范围"这个概念。潜在商圈范围是根据商业中心层级和交通条件所得出的商业地理辐射的潜在范围。实际商圈范围还与商业中心的规模、业态特色等吸引力要素有关。

核心商圈是商业中心主要客流的来源地，核心商圈的范围受到人们日常出行的心理承受时间和交通工具的速度的限制。考虑各个年龄阶层一般以 10min 为方便出行时间的极限，30min 为心理承受的极限，笔者建议以 10min 作为"潜在"核心商圈的界定范围，30min 作为"潜在"次级商圈的界定范围。从表 2-1 中可以看出不同交通工具 10min、30min 延伸的距离范围有很大的差异。

表 2-1　不同交通工具 10~30min 所及范围

交通工具	步行	自行车	公交车	机动车	地铁
距离 / 时间	3~5km/h	10~15km/h	500m/ 站	30~40km/h	1000m/ 站
10min 距离范围	500~800m	1667~2500m	1500m（3 站）	5000~8000m	5000m（3 站）
30min 距离范围	1500~2500m	5000~7500m	4500m（9 站）	15000~24000m	15000m

注：资料来源：作者绘制。

商业中心的商圈范围的判定应同时考虑商业中心的层级和交通条件。如社区级商业中心依赖的主要交通方式为步行和自行车，那么步行 10min 和自行车行驶 30min 的距离可以作为其核心商圈、次级商圈的范围；地区级商业中心依赖的主要交通方式为步行、自行车和公交车，自行车 10min 与公交 3 站所达的距离可以作为核心商圈范围，自行车 30min、公交车 9 站所达距离可以作为次级商圈范围；城市级商业中心以公交车、机动车和地铁作为主要交通工具，机动车 10min、地铁 3 站可以作为核心商圈范围，机动车 30min 和地铁 9 站所达距离可以判定为次级商圈范围（表 2-2 和图 2-1）。

⊖ 从我国目前城市发展来看，大多数城市的商业中心可以分为三级体系——城市级、地区级及社区级。

表 2-2　各层级商业中心潜在商圈范围

商圈等级	潜在核心商圈	潜在次级商圈
城市级商业中心	5000m	15000m
地区级商业中心	1500m/2500m	5000m
社区级商业中心	500~800m/1500m	1500m/2500m

注：资料来源：作者绘制。

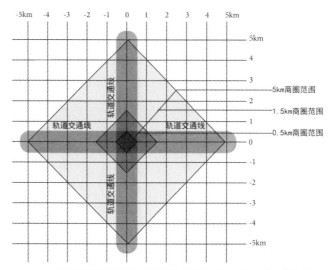

图 2-1　不同交通工具下的理想商圈范围（图片来源：作者绘制）

3. 业态组合的要求

租户组合是商业建筑中零售业务和服务业务的店铺类型和价格水平的组合。有效的租户组合会创造一种吸引某类顾客的综合效果。若建筑规模过小，业态组合和选择较少，会导致商业项目吸引力过低。如购物中心这种"一站式"的商业形态，最小规模不宜低于 3 万 m²。现在商业建筑的业态组合的发展趋势是针对特定客群进行行业态品类、品牌整合布局，在同一商场、同一区域甚至同一水平面上，尽可能让所有细分目标客群各取所需、各得其乐。因此，当商业建筑规模过小时，特定客群的各种需求满足的便利性就会受到影响。

4. 互联网的影响

虚拟经济的兴起对实体经济产生了巨大冲击。互联网引起的商业流通领域的革命对商业建筑的发展方向产生了深远的影响。随着社会消费的零售总额中网购占比越来越高，未来商业建筑中零售功能会经历巨大的变化，甚至发生部分转移。从商品的内涵来看，它既包含有形的可用于交换的劳动产品，也包含无形的服务。商业中心作为以商品为核心而展开相关活动的大型场所，它不仅提供有形的物质商品，也提供人们所需的各种服务，包括娱乐体验、文化教育、艺术欣赏、个人护理等。这些功能和需求在零售功能削弱的情况下，将逐渐突显出来。而一些以提供日用消费品为主的区域型购物中心的规模可能会进一步压缩，大型购物中心的市场风险将进一步增大。

从购物中心规模效益角度，以上海为例，我们对全市购物中心的坪效（截至 2014 年）进行排序，见表 2-3。

表 2-3　2014 年上海购物中心坪效排序

坪效比较范围	坪效王中王项目名称
市中心传统商圈	恒隆广场、来福士广场、新世界城、久百城市广场
内环	八佰伴新世纪、IFC 国金中心、港汇广场、浦东嘉里城
中环	百联南方商城、百联西郊、大宁国际广场
外环	百联青浦奥特莱斯、浦东机场购物中心、虹桥机场购物中心、仲盛世界、周浦万达
远郊	青浦百联桥梓湾、嘉定安亭嘉亭荟、奉贤百联南桥购物中心

注：不同的下画线代表不同商业规模等级的购物中心，如：巨型　20 万 m² 以上；大型　10 万 ~19.9 万 m²；大中型及中型　4 万 ~9.9 万 m²；小型　1 万 ~3.9 万 m²。

以上 19 个坪效排名最靠前的购物中心中，大型（10 万 ~19.9 万 m²）购物中心占 53%，大中型（4 万 ~9.9 万 m²）占 32% 左右，也就是说大型及中型（4 万 ~20 万 m²）以内的购物中心占 85% 以上，其中大型 10 万 m² 以上的购物中心坪效较高。两个坪效较高的小型购物中心均是与机场这类大型交通枢纽相关。以上数据可以作为在一线城市商业开发中的规模定位的参考因素之一。

2.1.2　选址精确

商业建筑选址应考虑城市商圈、交通条件、人流条件等因素。从城市角度来说，商业建筑的定位首先取决于其可能获得的商户资源。而商户的品牌对于城市的筛选是比较严格的。比如，快时尚品牌 Zara、Oysho、Bershka 等比较注重目标顾客群体的时尚认知度，因此如今越来越倾向于在一、二线城市拓展，并聚焦于商圈，而减少甚至逐渐停止在三、四线城市开店。

从商圈角度来说，不同业种对商圈的需求不同。田村正纪（2014 年）曾将零售类业种分为两大类，一类是选购品，另一类是非选购品。所谓选购品指的是消费者一般需要通过比较购买才会决定购买的商品品类；非选购品则指那些消费者在购买时不付出特别的努力，在店铺找不到目标商品就用替代品替代的商品品类。田村正纪通过分析这两大类业种的分布来考察城市人口的购物行为模式。他发现随着城市商业体系的完善，城市级商业中心集聚着较多的选购品，如男女装、饰品、化妆品、鞋、箱包等各种时尚品，以及家居装饰等。而在地区级商业中心，非选购品类业种数占比增加。反映在业种上，即以时尚为主的选购品比例减少，非选购品中的便利品、生鲜品比例增加。由此带来时尚品喜欢集中选址于城市核心商圈，非时尚品则愿意在非核心商圈选址。一些专业市场、大型超市考虑物流成本等问题也喜欢在非核心商圈、郊外布局。

从城市核心商圈的人流消费模式来看，假日享乐型和工作日单身型这两种消费模式占主导。前者以时尚人群、旅游人群为主，后者则以单身白领为主，因此其追求时尚购物或休闲生活方式决定了这里属于时尚品、高端商品的交易市场。不断推陈出新的业态变化是每个在城市核心商圈选址的商场保持持续竞争力的关键所在。商场也会在这样的环境压力下通过不断的概念创新来抢占市场。

从非核心商圈（包括新城）的人流消费模式来看，多目的出行是主导。所谓多目的出行指的是消费者在一次购物出行中同时购买多种不同种类商品的行为，它体现了人们对购物便利和效率的要求。满足多目的出行是商业中心吸引一定距离范围内的居住人口的主要方式。相对应的，地区级商业中心常采用"一站式"购物形态。以典型的区域购物中心——第三代万达广场⊖为例，一个10万 m² 商业建筑面积的万达广场购物中心常包含百货、IMAX万达影城、大歌星量贩KTV、大玩家超乐场、永辉超市（或者沃尔玛）、孩子王等主力店，品牌总数超过百个。万达广场因为融入了餐饮、娱乐、体育、文化等非传统零售功能，而使商业中心的聚客力更为强大。上海近郊卫星城的几个购物中心一开业就体现出其较强的商业号召力，如松江万达广场2014年5月30日开业当天累计客流量近28万人次，当日销售额高达1774.52万元。金山百联购物广场、南桥百联购物广场等也都在开业不久取得了很好的效益。

从交通条件来说，大型商业选址讲求交通便利。如在以汽车交通为主的地区，一般选址在交通要道。美国郊外购物中心多是多条高速公路的交汇点，一般紧邻机场。美国最大的购物中心Mall of America，位于明尼苏达州的伯明顿，就距离双子城国际机场不足2km，并坐落于拥有7000间客房的酒店附近，每年有3500万至4200万人次到访，其中大部分访客居住于离购物中心150km以外的范围。Mid-Valley Merge Mall是马来西亚吉隆坡最新、最具规模的购物中心，

⊖ 万达集团开发的第三代城市综合体项目（2004年以后）的特点是购物、逛街、看电影、打电玩、餐饮、零售、文化、体育、娱乐等多种享受都可一站式完成。另外，万达第一代商业广场（2000~2003年）为纯盒子式的商业体量，以沃尔玛、家具家电专业卖场和万达影院为主力店；万达第二代商业广场（2003~2004年）为由多个主力店盒子构成的商业广场，主力店一般为4家，包括百货、超市、建材家电专业卖场和影院。资料来源：赢商新闻网《万达商业广场进化论：从第一代到第四代有哪些不同？》，http://sz.winshang.com。

它位于数条高速公路的交汇处，其中包括一条直接通往市中心的主要交通干道；在距商场 30min 车程范围内，居住人口达 200 万人，而商场配备的约 7600 个车位，成为吸引人流的主要设施。

随着商业地产进入存量时代，大量资源向轨道交通集中。国内城市商业建筑与地铁相结合成为必然的发展趋势。一条地铁线路一般日均客流量可达 3 万～10 万人次，对于一个 10 万 m^2（出租面积）的购物中心来说，假如按照上海 2014 年的零售商业一年平均坪效不低于 10000 元 $/m^2$ 来计算，该商业中心日平均坪效达 2740000 元。按平均人均消费 100 元来估算，单日所需人流量为 27400 人次。除一部分开小汽车来购物的人群之外，地铁线路若有 1/3 甚至一半人流为购物中心所吸引，其带来的客流量可为该购物中心减少大量的机动车停车需求。

除此之外，项目的可视性及拥有较长的展示面，也是项目选址的主要条件，邻城市主干道或主要商业街是大型商业中心的首选之地。

下面以万象城项目为例，来看一下其基地选址的条件（表 2-4、表 2-5）。

表 2-4　万象城选址条件

城市等级	一线和 1.5 线城市（深圳、杭州）、二线城市
地块规模	地块占地面积大于 4 万 m^2，可建面积大于 13 万 m^2
道路交通状况	紧邻交通主干道，主要临街面双向八车道，周边有多条公交车线路
轨道交通	地铁上建设，提高商业辐射力
土地自身资源	形状规整，并位于街角处，展示面长
周边业态	高端写字楼、高级酒店、高档住宅小区等齐全

表 2-5　万象城选址案例

城市	深圳	杭州	成都	沈阳	南宁	青岛
地块区位	市中心核心区（较早）	新兴区域中心	市中心新商圈	市中心核心区	市中心核心区	市中心核心区
商业规模 / 万 m^2	13.8	17	14.2	15.2	16.6	20.5
轨道交通条件（地铁数量 / 条）	1	1	1	2	1	3
道路交通状况	临近多条主干道，多于 30 条公交线					
土地自身资源	街角地、地块规整、商业展示面长					

2.1.3　定位准确清晰

定位的准确和清晰对于商业建筑极为重要。定位主要包含两个方面，一是客群，二是价位。商业项目针对的是年轻人、家庭客或是游客？价位是高端、中档或低价？定位决定了商场的业态和品类的组合，否则业态组合将是十分盲目的，甚至是错误的。定位工作意味着前期需要对市场进行大量的调研。比如，我国香港发展商在购物中心立项前通常会请顾问公司对项目进行认真的、客观的、系统的可行性研究。包括项目市场调研、商店组合测试等，以确保项目成功。其前期的软性投资大体要占到购物中心整体投资的 10% 以上。

定位重点基于两个方面的分析，一方面是需求分析，另一方面是竞争分析。

1. 需求分析

需求分析重点关注所在城市的消费水平、区域人口结构及周边交通条件等情况。城市消费水平的主要指标包括当地社会消费品零售总额、城镇人均可支配收入、城镇人均消费支出、消费品价格指数等。如从深圳的购物中心开发来看，中高端的一站式购物中心较多，而高端奢侈类购物中心较少。原因是其外来人口及年轻人口占比较大，消费特征偏时尚、休闲化，这也决定了其商业发展的定位。区域人口结构主要包括消费人口构成和该类人群消费能力两个方面。高档商业中心其周边必定有大量高档写字楼、高端酒店物业。比如，在一个以旅游人群为主体的区域，若没有高端酒店等物业类型，商场定位高端是有问题的。交通条件意味着人流的导入和商业的辐射力，公交、轨道交通发达，停车条件好的地区适合开发规模相对大的、层级较高的购物中心。

2. 竞争分析

周边商业环境及未来竞争格局对于商业定位的影响也不容小觑。周边项目的规模定位及对某一品类的覆盖情况需要全盘考虑。在竞争激烈的地方，应注重差异化定位策略，因为同样的定位也会导致同样的业态和类似的比例，若在市场总需求有限的情况下，重复就意味着恶性竞争、收益减半。

定位包括两个方面，一方面是规模，如城市级（超区域级）、区域级、社区级、邻里级购物中心各有不同；另一方面是业态（品类）及其组合差异。如城市时尚中心强调以时尚购物为主，零售比例较高，超过 50%，甚至达到 60%~70%。城市时尚中心分为两种，一种是封闭式购物中心模式，另一种是生活方式中心，以开放式为主。假日类购物中心也就是所谓的购物公园，其餐饮和娱乐比例较高，会达到 50%~60%。能量中心则主要位于郊区、新区，以大店、折扣低价店组合为主，奥特莱斯则以厂家直销店为主。还有以突出某一业态为主的商业中心，如休闲娱乐中心、美食中心等。

除以上基本的定位区分外，就是主题化设计，以形成差异性。主题来源有很多方面，如历史传统、自然、细分客群／社群、地域特征等。

当然，在现实中，所有的商业项目都具有自身的复杂性，很少有项目纯粹地属于某一类型，很多项目可能是以上若干定位的组合或以其中一种为主。因为真正的商业项目定位需要做深入的调查研究，根据项目自身选址的优势和劣势来综合判定（见表2-6）。

表2-6　购物中心差异化定位简表

定位类型		定义	常见选址	规模（租赁面积）	主力店			业态比例	商圈范围	停车配套	国内案例
					数量	类型	占比				
规模差异	超区域级（城市级）	与区域级购物中心类似，但商品品类和门类更多	城市非核心区、郊区或新区	8万m²以上	3~5个	百货、GMS（综合零售商店）、大卖场、电影院及其他室内娱乐	40%~60%	零售60%~70%，餐饮10%~20%，娱乐休闲15%~20%	15~40km（覆盖三级商圈）	1000个以上停车位	上海万达广场、上海龙之梦购物中心
	区域级	日用商品；时尚用品（一般是封闭式的购物中心）	区域中心	5万~8万m²	2~3个	百货、GMS（综合零售商店）、大卖场、电影院及其他室内娱乐	40%~60%	零售60%~70%，餐饮15%~25%，娱乐休闲10%~15%	5~25km（覆盖三级商圈）	500个以上停车位	深圳中信城市广场、深圳Coco Park
	社区级	日用商品；便利	大型居住区附近	2.5万~5万m²	1~2个	折扣百货、超市、折扣服装店、药店、家居装修店	40%~60%	零售50%~60%，餐饮10%~15%，休闲娱乐10%~15%，社区服务10%~15%	1.5/2.5~10km（覆盖两级商圈）	200个以上停车位	深圳欢乐颂购物中心、上海正大乐城商业中心
	邻里级	便利	居住区附近	0.4~2.5万m²	1~2个	超市	30%~50%	零售50%~60%，餐饮15%~20%，休闲娱乐3%~5%，社区服务10%~15%	0.5~0.8km为主，最远不超过5km（一级商圈）	30个以上停车位	上海东莞半岛邻里中心、深圳蔚蓝海岸邻里中心
品类差异	城市时尚中心	高端、时尚定位	城市核心区	3万~6万m²	3~5个	高端精品百货、主题餐饮、电影院及其他主题室内娱乐	40%~60%	零售60%~70%，餐饮15%~25%，休闲娱乐10%~15%	15~40km（覆盖三级商圈）	1000个以上停车位	上海恒隆广场、上海来福士广场
	生活方式中心	高端、休闲（开放式为主）	富裕人群居住区	1.5万~5万m²	—	书店、小型百货、高档/时尚连锁专卖店、影院、餐厅等	0%~50%	零售30%~40%，餐饮30%~40%，休闲娱乐30%~40%	1.5~3km	500个以上停车位；地面停车为主	上海新天地、上海华漕时尚生活中心

定位类型		定义	常见选址	规模（租赁面积）	主力店			业态比例	商圈范围	停车配套	国内案例
					数量	类型	占比				
品类差异	购物公园	娱乐休闲	郊区、新区（连接交通枢纽）	8万m²以上	3~5个	通常为2个户外娱乐主题，如人造海滩、溜冰场等	60%~70%	零售40%~45%，餐饮10%~15%，休闲娱乐40%以上	15~50km（覆盖三级商圈）	1500个以上停车位	北京蓝色港湾，深圳欢乐海
	能量中心	以品种取胜的主力店；小租户极少；开放式	郊区、新区（交通主干道或高速公路出口处）	2.5万~6万m²	3个以上	品类专营店、家居商场、大卖场、仓储卖场、品牌折扣店等	75%~90%	零售80%~95%；餐饮10%~20%	5~20km	1000个以上停车位	上海家乐福金桥购物中心，深圳欧洲城
	奥特莱斯	厂家直销店	郊区	0.5万~6万m²	—	厂家的直销店	—	零售70%；餐饮及娱乐30%	40~120km	5个以上停车位/100m²（租赁面积）；地面停车为主	上海青浦百联奥特莱斯，北京燕莎奥特莱斯
主题差异	地点特征（交通类）	快捷、服务交通客流	机场、地铁、铁路枢纽等	1万~4万m²	—	—	—	零售60%~70%，餐饮及服务30%~40%	—	—	香港机场购物中心，上海虹桥机场购物中心
	细分客群/社群	购物为主，体现自我实现诉求，多融入主题性的展示、互动等主题活动	城市核心区	3万~6万m²	1~2个	主题购物、主题餐饮、主题娱乐	40%~60%	零售30%~50%，餐饮15%~25%，休闲娱乐15%~25%	15~40km	500个以上停车位	上海美罗城，香港K11艺术购物中心
	自然	以自然、生态为主题	—	3万m²以上	—	主题购物、主题餐饮、主题娱乐	40%~60%	零售30%~50%，餐饮15%~25%，休闲娱乐15%~25%	15~40km	500个以上停车位	南京森林摩尔，武汉群星城
	历史传说	以地域传统、历史传说为主题	—	3万m²以上	—	主题购物、主题餐饮、主题娱乐	40%~60%	零售30%~50%，餐饮15%~25%，休闲娱乐15%~25%	15~40km	500个以上停车位	镇江吾悦广场，上海贝尚坊时尚生活中心

注：1. 三级商圈是指核心商圈、次级商圈及边际商圈。

2. 以ICSC对购物中心的定义为基础，根据国内情况调整了某些参数（如规模、商圈范围等）汇总而成。

2.1.4　差异化特色

前面提到的定位中，有一部分其实就是在塑造差异化特色。比如，主题化策划可以使购物中心具有鲜明的特色。日本大阪梅田站是一个商场云集的城市中心区，这里既有 Grand Front 这样的大型城市商业综合体，也有 Herbis Plaza 这类融吃、喝、玩、乐、购于一体的一站式购物中心，高端百货如大丸百货梅田店及阪急百货店、阪神百货店，还有精致的阪急三番街——大阪梅田站地下综合购物街。新建的 HEPFIVE 购物中心则通过设置了巨大的红色摩天轮而成为梅田地区的地标性建筑，它也是世界范围内首次尝试将摩天轮与商业设施融为一体的购物中心。这个商场四层设有迪士尼商店，七层有摩天轮观览车，吸引了大量的年轻人和游客，在众多的商场中脱颖而出，成为去大阪旅游必选的游览目的地（图 2-2）。

除了主题策划，独具匠心的规划和设计也能将商业建筑提升到国际高度，从而吸引大量顾客。比如，位于土耳其伊斯坦布尔 Levent 商业区的 KANYAN 购物中心于 2006 年开业，曾获 2006 年度城市景观建筑规划大奖。其最具特色之处在于如地壳般的球状核心区容纳着电影院，周边的商业走廊如同太阳系中环绕太阳旋转的行星带，形成了极富动感和视觉冲击力的室外商业空间，各层商业室内、室外空间没有严格的界限，使城市开放空间与商业设施有机结合（图 2-3）。当然，对于一个商业建筑来说，

图 2-2　日本大阪梅田站附近的 HEPFIVE 购物中心里的摩天轮

图 2-3　土耳其伊斯坦布尔 KANYAN 购物中心

仅仅靠规划设计是不够的，还需要配合成功的招商形成丰富而有特色的业态组合，才能获得整体上的成功。

2.1.5 优秀的规划设计

优秀的规划设计是商业项目成功与否的关键因素之一。这主要体现在以下几个方面：

1. 完善的总体规划

完善的总体规划要求有对基地特点的准确把握，并善于扬长避短，最佳地布置出入口和进行交通规划。首先，从基地特征来说，许多开发商偏好长宽比合理的长条形地块，长度在300m以内，宽度在120m以内，扣除内部道路、广场后，四至六层高度可以形成一个经典的8万~12万 m^2 建筑规模的购物中心。但实际情况往往是，每个项目的用地千差万别，"理想"的商业用地可遇而不求。常见的非标准用地有方形、三角形、不规则形等，在规划时如何利用功能布局、动线设计来消除缺陷和创造亮点就成为重中之重。有以下几种策略可以解决此类问题。

（1）活用主力店　主力店可以用来消化腹地较深的用地，如对方形地块就特别有用。以杭州万象城为例，它的用地就是方形地块，因此在布局时特意将主力百货、溜冰场等主力店设在角部，中间形成斜向的一字形动线（高区），较好地解决了腹地较深的问题，也拉长了商业动线（图2-4）。无独有偶，其附近的杭州来福士商业广场也是用主力店界定出了一个X形的商业动线，充分利用了主力店来消化地块进深（图2-5）。

（2）善用综合业态　另一种策略是将无法用作商业或商业价值不高的区域设为办公、酒店、公寓、住宅等功能，或辟为诊所、保险、银行、停车等服务设施，这在综合体布局中运用较多。

（3）填充公共空间　在用地较为宽裕、厚实的项目中，巧妙地结合公共空间设计可有效地变不利条件为有利条件，甚至形成项目的特色。公共空间可以是室内的，也可以是室外的。在位置关系上，可以是紧贴商业形成并置关系，也可以是包裹在商业内部形成内广场或内庭院。如成都万象城一期就是在其购物中心后侧打造了一个城市花园广场，层层商业退台面向花园广场，成为非常有特色的市民休闲空间。墨西哥大露台—绿色山丘购物中心（Gran Terraza Lomas Verdes）则为城市郊区打造了一片难得的公共空间，一个巨大的带有玻璃顶的"绿色"中庭，巨大的绿墙和绿色植被组成的花坛，让人感受到类似户外的自然氛围（图2-6）。崇明百联购物中心则是在商业中心中间设置了一个连接下沉式广场的商业空间，该空间结合灵活的商业设施、户外景观形成了市民生活广场，也是整个项目的灵魂空间（图 2-7）。北京的颐堤港是通过一个 2400m^2 的巨形室内广场消化掉较厚的面积，这个巨大的广场一侧是玻璃幕墙，外面是一个大型室外花园，内侧则采用退台式设计，结合了餐饮业态布局（图 2-8）。

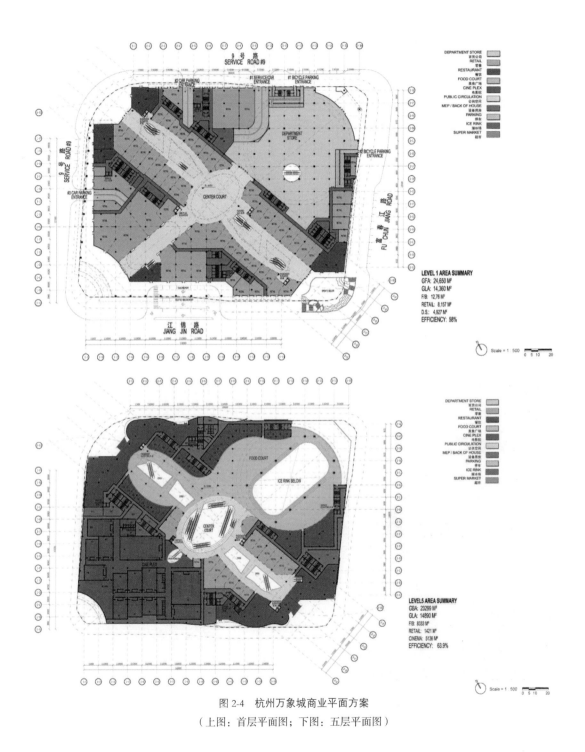

图 2-4 杭州万象城商业平面方案
（上图：首层平面图；下图：五层平面图）

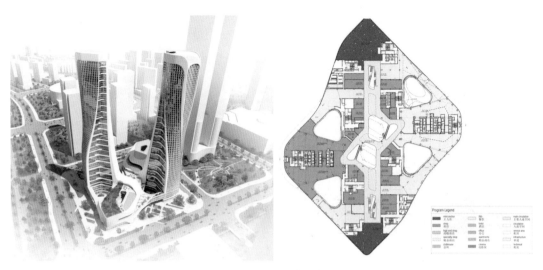

图 2-5　杭州来福士商业平面方案

（左图：总体鸟瞰图；右图：三层平面图）

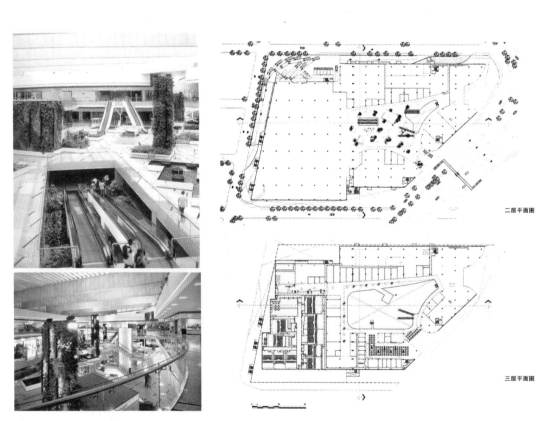

图 2-6　墨西哥大露台 – 绿色山丘购物中心

（左上、左下图：内中庭透视图；右上、右下图：二、三层平面图）

图 2-7　崇明百联购物中心

（左图：内广场透视图；右图：总平面图）

图 2-8　北京颐提港购物中心室内广场

（4）巧妙布局室外街　室外街作为室内购物中心的延伸，可以因地制宜，布局较为灵活。如果设计巧妙，也可以帮助消化不规则用地，打造项目特色。以日本福冈桥本区的桥本木叶购物广场为例，该项目由户外花园步道与室内购物中庭形成一个完整的循环动线，室内共设有三个代表不同季节元素的中庭，室外也有一个开放的两层商业广场，室内外空间相互融合，为人们打造出独特而连续的散步体验（图 2-9）。

交通规划在商业建筑前期设计中也极为重要。首先是要合理估计场地的车库进出口。购物中心建筑师维克多·格伦（Victor Gruen）预计，一个进出口能处理连续流量为 750 辆车 /h。购物中心的交通荷载则可通过平均总收入估算出来。先确定最高单日营业额，再根据平均每辆车的购买力计算出当日可能有多少辆车进出购物中心，最后可估算出当日高峰时段车辆进出购物中心的数量。比如，当一家大型购物中心希望在高峰时段每小时吞吐 3000 辆车，按 750 辆车 /每个出入口计，需要约 4 个出入口承担该流量。当出入口设计过少时，高峰时段场地入口可能会拥堵不堪，不仅影响人们的体验感，也对城市交通产生干扰。

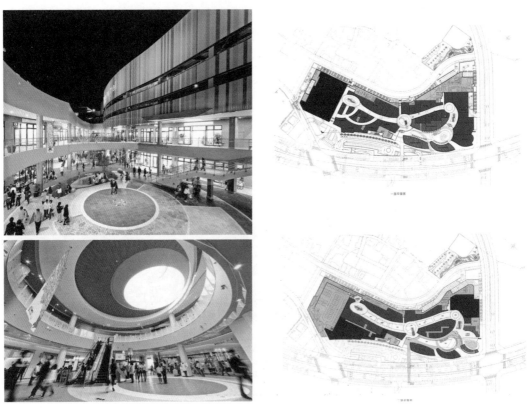

图 2-9　日本桥本木叶购物广场

（左上图：室外广场；左下图：室内中庭；右上、右下图：一、二层平面图）

另外，要规划好各种交通方式与购物中心的接驳，比如地铁连通、出租车落客、公交车落客及私家车落客等问题。香港太古广场是一座由购物中心、公寓、办公及酒店构成的商业综合体。太古广场购物中心共有4层，每层的业态设置都与相邻的交通接驳方式相一致。地下一层连通地铁，这里设有各类服务设施、书籍、光碟卖场等；首层为游客、办公通勤人员及公众消费者，这里设有百货、超市、便利店、家居、运动用品等服务大众的商业设施；地上三层为地下停车消费者直达的楼层，出租车落客点设在四层，因此三、四层为服务高端客户的高端品牌，以零售、高档餐饮、珠宝等为主。

2. 良好的平面布局及动线设计

成熟的商业地产商会在项目前期甚至立项时就开始招商了，在这种情况下，设计单位就会拿到一份相对详细的任务书，任务书对一些主力店、次主力店都会提出比较具体的平面布局要求，因此，商业平面就可以结合招商需求量身定做。但即使这样，由于商业地产发展越来越快，业态的变化也日趋复杂，尤其是新业态在近年来不断涌现。所以即使一开始就量身定做的商业平面，在若干年后也可能面临着严峻的考验。这时最关键的问题来了，如何应对商业业态的不确定性和变化？这里有几个思路供大家参考。

（1）做好动线设计　动线是骨架，良好的动线规划是吸引人流的基础。它既是串接所有商铺的交通路线，也是一条顾客的体验路线。就像欧洲小镇的广场和街道一样，这些空间永恒不变，变幻的是背景，也就是商场里的商铺。一条尺度合理、空间舒适且富有趣味性的动线是商场整体完善地运作起来的基础。因此，这条动线如何组织是值得研究的。通而不畅、宜曲忌直是从顾客的行为学及心理学角度来考虑的动线形态处理原则。具有足够的长度以满足业态丰富组合的需要，以及动线切割后留下足够的进深用于安排店铺，是从零售规划角度对动线布局的要求。动线也不宜过长而超过顾客的耐受极限，是从生理角度提出的动线设计制约因素 ⊖。只有综合了以上因素而规划出来的动线才是真正合理且优美的动线。

（2）适当留出部分灵活的区域　商业业态需要大小店铺、主力和非主力店铺的组合来吸引顾客。随着业态的快速变化，大店解体、小店聚合的更替一直在发生，这给商业平面布局带来了挑战。前些年主力百货作为购物中心的主力店，已逐渐走向"去百货化"。对于这些百货主力店留出的空间如何去填充？一种做法是拆解为若干中型主力店，目前一些小零售品牌形成了集合店，另有一些专卖店为抢占市场，通过增加品类来扩大营业面积，如无印良品，这些店属于中型主

⊖ 假设以步行10min作为极限，600~800m长的步行尺度较为适宜。

力店或称为次主力店，可以用来填充原主力店的空间。另外，主题街区也是一种替代方案，类似大悦城所主打的文艺青年街区，"骑鹅公社""五号车库""悦界"等都是这种形式。随着购物中心的"跨界"式发展，小型博物馆、展览馆也成了很多商场的业态之一，这些多功能空间也可用于替代原来的主力店。

由于这些相对大块的区域在未来有业态变动的可能性，其灵活性也是最大的，是商业建筑中可由运营管理团队有所发挥的区域，因此反而会给人们留下很多的想象空间。但由于业态的不确定性，建议在刚开始时预留较大的结构荷载、机电负荷，如果是少柱甚至是无柱空间，将有更大的灵活性。

（3）餐饮业态预留相应的机电设备　餐饮业态由于自身对排油烟等设施的特殊的消防要求，在开始规划时就应对今后部分零售变为餐饮的可能性，事先预留相应的排油烟设备，并同时满足改造后的消防要求，否则很多机电设备一旦确定下来，后期改造会受到很大限制，甚至使有些改造几乎不可能实现。

3. 浓厚的商业氛围

商业氛围的营造成为当前商业建筑设计中越来越引起重视的一环，这是一种融合了城市气息的休闲氛围。捷得事务所曾提道："遍布于美国的公式化标准购物中心已经过时了。最初的购物中心设计像机器一样简单枯燥，在现存的城市模式中好像少了一种复杂的经验。我们相信购物中心应该是具有城市经验的一种公共设施，它可以更新在郊外形式中被否定的公共生活的丰富性与复杂性。我们知道购物中心最好是为市民而设计的，而不是为消费者。"从氛围的打造来说，把强调气氛的轻餐如咖啡吧等设在商场入口附近、下沉式广场周边、中庭区域都是带动人气、打造休闲氛围的方法。美食广场设在可视性好的地方，或者与娱乐场所形成互动，也可以吸引人气，如美国购物中心在中央游乐场附近设置美食区，形成了良好的视线互动（图2-10）。有些商场的服饰零售比例过高或者餐饮占比过大，使得商场内部缺乏休闲氛围，属于传统的业态布局理念，不大符合购物中心的发展趋势。

图2-10　美国购物中心内游乐场与美食广场的布局
（上图：从美食广场看游乐场；下图：美食广场内部）

2.1.6 良好的运营管理

成功的规划设计和顺利开业只是商业项目整个生命周期的起点，良好的运营管理是保障商业项目弥久长新的关键。统一产权、统一经营、统一管理是保证商业项目健康且成功运作的重要措施。根据 ICSC 国际购物中心协会对购物中心运营管理的内容界定，它应包括制定租赁战略和协议、选择租户、日常管理、市场营销、物业维护、安保、风险管理和保险、危机管理、重建及翻修、法律事宜等方面。商业项目的运营管理一方面是为获得较高的租金，保持商场的正常运作，另一方面也是为了保持和提升物业的价值。

产权分散（不包括采用信托基金分散股权方式）、运营管理不统一的商业项目要实现以上诸多目标会有相当大的难度。

在商业运营管理中，店铺设计是与商场整体形象和氛围息息相关的内容，应通过店铺设计导则加以控制，包括对于 LOGO 的设置、玻璃店面的装修、灯光设置、店铺之间的分割墙柱的装修、消火栓的装修处理等均有所要求。

2.2 商业建筑案例失败的教训

2.2.1 规模不合理

商业项目由于前期调研、策划出现偏差，体量过大或过小是容易发生的致命错误。相比规模过小，国内目前商业开发更易犯的错误是规模过大。商业体量过大，容易产生的问题主要有三个方面：一是招商压力大。比如为了避免空铺状态，品牌度不足而导致品牌杂乱，影响项目档次和整体形象。二是能耗大，运营成本高。商业规模大，往往公共空间面积也较大、天窗采光面积大，前期投资就高，后期运营费用也高。三是对管理团队的专业要求较高。大型商业项目需要专业化的管理团队，而在国内，这样的团队资源十分匮乏。

上海月星环球港是国内典型的欧式风格的购物中心，体量巨大，购物中心的总建筑面积达 32 万 m^2。如果以常规购物中心的业态业种比例配置，商业氛围会不够，商业品牌度也不够，目前该项目已经遇到聚集人气的设施较为缺乏的问题。另外，由于项目前期投入大，已超过 100 亿元，日常物业成本也高，实现投资回报面临着很大的挑战。环球港内部动线为两个平行的环形动线，距离过长，也易使消费者产生疲劳。垂直电梯、自动扶梯的配置与此种规模相比也略显不足，影响了人们的体验感。当然，项目内部引入了较多的艺术化空间、特色餐饮品牌等为项目增加了吸引力，这些旅游、文化元素的融入使得该项目成为一个较为典型的商、旅、文综合体。此外，该项目的交通条件也较好，与地铁直接连接，周边又有高架桥，是一个交通枢纽型购物中心。但即使这样，项目未来的盈利还需要运营团队挑起重担，付出更大精力（图2-11）。

相比上海月星环球港，国内一些二、三、四线城市商业项目动辄10万 m²，甚至几十万 m²，若没有消费客群的支撑和很强的操盘与运维能力，项目的盈利能力就令人担忧。这样的例子很多，如宁波万达广场项目购物中心面积达22万 m²，步行街长达680m，项目因规模过大先期就沉淀了大笔资金。据DTZ戴德梁行的研究分析，综合中国经济增长态势以及消费者需求变化等多种因素，中国购物中心比较适合的体量在于8万~10万 m²。一定规模的体量既能确保购物中心拥有足够的吸纳量，满足消费者的多元化需求，也能形成差异化竞争优势，有一定的规模效应，便于形成特色和亮点。在交通条件、消费力特别强的城市和地区，且在有专业经验和充足资金的情况下，也可考虑15万~20万 m²规模的超大型购物中心，但前期需谨慎规划，做好业态组合、特色配置和项目定位。

另外，国内开发商面对社区商业项目开发时，也常犯体量过大的毛病。明明是社区商业定位，却规模偏大，做成了区域级商业中心。比较美国社区商业

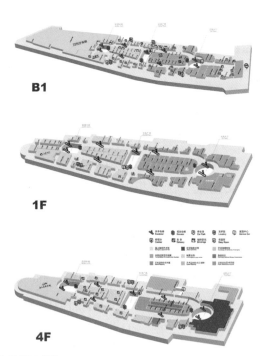

图 2-11　上海月星环球港

（左上、左下图：室内场景；右上、右中、右下图：商业典型平面布局图）

中心的面积定位和我国很多城市社区的商业面积定位，就会发现两者之间存在较大差距。目前我国的很多社区商业规范以控制下限为主，还延续了以往社区开发时商业配套面积不足的问题思维。⊖ 比如，上海制定的社区商业标准体系中，对社区商业进行了规模分级。该规模分级也只是规定了社区商业面积配比的下限（见表 2-7）。

表 2-7　上海社区商业分级指标规模表 ⊜

分级	商圈半径	服务人口	商业设置规模（建筑面积）	人均商业面积 /（m² / 人）
社区商业中心	3km	10 万 ~20 万	9 万 ~18 万 m²	≥ 0.5
居住区商业	1.5km	3 万 ~5 万	2 万 ~4.5 万 m²	≥ 0.4
邻里生活中心	0.5km	1 万 ~1.5 万	0.5 万 ~0.8 万 m²	≥ 0.17
街坊商业	0.2km	0.4 万	≥ 0.06 万 m²	≥ 0.15

注：资料来源：上海社区商业标准体系。

社区级商业中心的规模定位对于商业中心运营的可持续发展有重要的意义。对于一般情况下社区级商业中心最大辐射范围内的市场研究，应侧重于项目 5km 半径内或半小时交通车程内的消费人口分布调查及市场现状分析。同时，也要注意调查 500m 半径内的核心商圈人口数量和消费特征。消费人口分布情况的调查通常可以从政府的人口普查数据中获得，也可用问卷调查的方法获得。

综合国内各主要城市目前对于社区商业的规定，从规模、服务范围、业态特点上来看可以界定为：位于社区中心或社区入口处的商业建筑面积在 5 万 m² 以内，服务人口约 10 万以内，服务半径 5km（步行 1h 或骑自行车 10~15min）范围内的集购物、餐饮以及其他服务等多种业态于一体的商业中心，具体还可以细分为三个层级（见表 2-8）。

表 2-8　社区级商业中心分类表

分类	特点	支撑人口数	商业建筑面积 /m²	主要业态	服务半径
超社区级（类地区级）	外向型	5 万 ~10 万	3 万 ~5 万	小百货公司、折扣店或小型购物中心	5km
社区级	中间型	2.5 万 ~5 万	1 万 ~3 万	超级市场、菜市场、小银行、邮局、药店、餐饮店等	1.5~2.5km
邻里级	内向型	0.4 万 ~2.5 万	0.2 万 ~1 万	便利店、杂货店、理发店、小市场等	500m

注：超社区级商业中心在规模和服务范围上有时已达到地区级商业中心的层级，属于地区级和社区级中间的过渡形态。（资料来源：作者研究整理）

⊖ 如根据商务局的《社区商业评价规范之二（新建社区）》总体要求的第一条："大型社区人均商业用地面积不小于 0.9m²，中型社区人均商业用地面积不小于 0.7m²。"

⊜ 万房网地产研究机构 . 社区商业开发操盘实战解码 [M]. 大连：大连理工出版社，2009：p42.

在上海，3万 m² 是一个分界线。通常 3万 m² 以下的社区商业中只有以超市为代表的 1 家主力店或不设主力店，而且，在没有主力店的社区商业中一般会选择加大布局餐饮或亲子业态，以业态聚集性来增强商业影响力。而 3万 m² 以上的社区商业中除超市外，还有部分引入了影院。

社区商业面积过大，往往与其位置布局、辐射的居住区人口密度等有关。那些体量较大、周边人口密度低（如高档别墅小区）、位置偏内向（不靠大路）的社区商业空铺率容易高，投资风险也大。北京建外 SOHO 是一个典型的不成功的商业案例。建外 SOHO 位于北京长安街朝阳区东三环中路，总建筑面积约 70万 m²，由办公、公寓、SOHO 及社区商业构成。其中商业由 300 个店铺组成，商业面积达 10万 m²，为内向式街区且内部商业业态特色不强，无法吸引人们深入，附近的国贸中心又分流了其商业客群，从而使其商业面临窘境（图 2-12）。

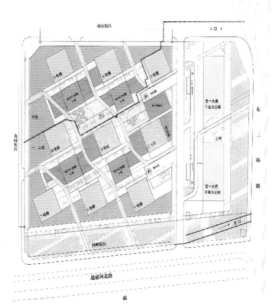

图 2-12　北京建外 SOHO

（左上、左下图：室外场景；右图：总平面布局图）

2.2.2　选址错误

选址是与定位、规模紧密联系的。对于一个选址正确的商业建筑来说，其在定位和规模选择上也必定是合理的。选址首先是选择城市，因此离不开城市的总体商业规划。从 2004 年起，国内各地方政府开始了大规模的新城规划。受这些雄心勃勃的规划驱动，许多三、四线城市即使自身消费力有限，依旧规划了大片的商业用地，甚至在一些不适合做大型商业的地方也规定了商业的建设比例，导致一些开发商为拿到公寓、住宅项目，硬是配套建设了大面积的商业，不可避免地出现了"死街"、"空铺"等问题。

对于商业项目来说，以下几个问题是选址时要考虑的硬件条件，在可能的情况下应尽量在前期与相关主管部门协调时争取更多的有利条件。

1. 交通负荷

商业项目的开发对交通条件的要求很高。对项目周边的主要街道、轨道交通等进行交通流量的统计，不仅可以预测商业项目的潜力，也可以帮助开发商、设计师进一步研究未来该区域的道路施工方案，对住宅规划及人口做出预测，从而将这些外部条件的影响确定下来。如果外部交通设施不足以负担未来的车流、人流负荷，新道路建设就会提上议事日程，否则商业项目应考虑选择其他地方了。

2. 城市高架路的阻隔

一些商业项目往往选址在高架路边，或多或少地会受到高架路的影响。其影响主要在于两个方面：一是商业的一侧人流可达性降低，除非在地下设置方便舒适的连接通道，以抵消一部分影响；二是高架对商业项目来说，也是导致视觉遮挡的不利因素。

3. 大型城市绿化带的阻隔

许多新城开发的规划，喜欢在城市主干道两侧设置大型绿化带，作为城市道路景观，但是过大的退界导致商业氛围削弱，影响了商业项目的可达性。5~15m 左右的退界是较为亲切的距离，25m 及其以上其负面影响就更为明显。

4. 人防条件设定

对于商业建筑而言，地下商业和停车在国内设计中几乎是必然要求。地下埋深常常不少于两层，使得人防面积大幅增加。但地下商业规模较大，且流线复杂，包括营业、后勤、机房设备、停车等多种功能，人防设置会给设计实施带来困难，尤其是高等级（五级及以上）人防和人员掩蔽、救护站等类型人防在大型商业建筑中非常难以实现，对于后期运营也有非常大的影响。因此，争取有利的规模及等级条件是十分必要的工作。因为人防的上级主管单位属于军队，在全国大部分城市仍然属于独立部门，不可能在拿地初期得到人防的规划设置意见，但是没有人防条件又不可能完成设计和开始项目建设，所以在项目开始之前，就应尽可能与人防主管部门及早沟通，争取有利条件。

2.2.3 定位错误

定位错误常常是商业项目失败的一大原因。定位的关键在于分析项目客群

图 2-13　杭州西湖天地内景

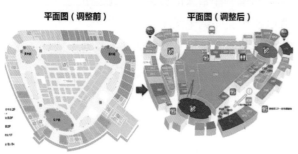

图 2-14　上海（中山公园）龙之梦购物中心调整前后对比
（上图：外景照片；下图：调整前后平面布局对比）

特征，并进行合理的品牌选择与业态组合。同时，在设计和招商中严格执行定位目标，做到"形神合一"。定位失败的案例较多，这里举 3 个例子。

1. 杭州西湖天地

杭州西湖天地是继上海新天地之后瑞安开发的又一个"天地"项目。上海新天地定位高端，开业后取得了很好的效果，这是与上海核心区的消费客群和消费能力相匹配的。相比之下，杭州西湖天地定位高端，超越了当地的消费水平，结果开业后人气不旺，运营状况不太理想（图 2-13）。

2. 上海（中山公园）龙之梦购物中心

位于中山公园附近的上海龙之梦购物中心，其最初建设和开业时经历过定位错误。开发商将当时区域级商业定位为市级商业，但由于缺乏商业运作经验和资源，自身运营管理较差，未能解决招商问题，从而导致经营惨淡。后来引入了凯德置地这一专业运营商，并让其收购了 50% 的股权及 100% 经营权。凯德置地接手后，改变了项目定位，调整了业态比例，如提升了餐饮、休闲娱乐等服务业比例到 40%，增加了中高档品牌，并转型为休闲摩尔，在设计上也对原中庭动线进行了梳理，在动线围绕的中岛中引入主力店，使商场形成了一条清晰的动线。经过调整，商场摆脱了原来人气不旺的问题，租金也翻倍，并步入稳定发展期（图 2-14）。

3. 上海正大广场

上海正大广场前期定位也犯过错误，刚开始正大广场所在的浦东地区的人流量、消费能力还不足，在商业建筑面积巨大的情况下，前期定位高端奢侈品商业导致招商失败，品牌商家甚至纷纷撤出，亏损经营达 5 年。面对这一严峻问题，正大广场调整了定位，从走高端奢侈品路线转为现代家庭娱乐的购物中心。以家庭消费为主流，引入时尚和餐饮品牌。主力店引入 ZARA，以补贴装修费为代价，同时吸引了一批快时尚的品牌，使商场更具年轻、时尚气息。业态调整后，商场吸引了大批白领消费群，经营状况大为好转。

由上面 3 个案例来看，商业项目定位决定了品牌选择和业态组合，是项目运营的前提和基础，需要在前期仔细研究。如遇到人气不旺，实际运营与最初目标不一致的话，需根据项目情况及时调整，这样项目才有可能成功和持久。

2.2.4 同质化

随着商业地产竞争的加剧及电商的冲击，缺乏特色和创新的商业项目越来越缺少市场关注度和吸引力。尤其一些成熟的商业地产开发商，如果秉承其原有的成熟经验和所谓美式购物中心的标配模式，缺乏新颖的商业空间和吸引眼球的新型业态，将在市场的发展中有被超越的风险。因为这些成熟地产商为获得市场占有率，在快速复制经验的时候形成了一套固化模式和套路，如华润模式、万达模式、凯德模式，这些模式一旦形成，容易被复制和抄袭，且很快落伍。

在避免同质化的道路上，商业建筑设计对其自身的要求提升到了一个新的高度。创新建筑形态，融入地区的独特环境，创造独特的消费体验环境成为商业项目实现差异化的重要手段之一。另外，精细化定位、设计、运营、管理也是商业项目成功的重要因素。中国商业地产大数据联盟秘书长、中商数据 CEO 周长青指出："由于实体商业的粗放运营，购物中心平均高频客流占比低于 6%，每年有超过 16 亿的实体商业流量被浪费（没有转换为有效消费）。"从粗放向精细的转变，可能是很多商业项目在设计和运作过程中最值得研究的。比如，利用大数据分析技术，对商场不断地进行定位优化和业态调整；利用第三方技术实现"智慧停车"，增加顾客来店消费的便利性。这种做法就是在"同质化"中争取做到最好。有专家指出，尽管目前商业地产看起来严重过剩，但有效供给依然不足，许多零售商家依然不容易发现和找到好的商业项目。在商场的规划设计中，70% 的基础业态和品类布局可能与其他商场是类似的、同质化的，真正差异化的体验类消费可能仅占 30% 甚至更低。这并没有错，也是一种成熟的操作模式。但如何规划和布局好这基本的 70% 和特色的 30% 就值得好好研究。前文中关于商业定位、规划设计和运营管理的要点，都是从精细化角度提出商业项目运作的基本要求。

再来看一个因同质化而失败的案例。宁波是国内商业地产发展比较迅猛的城市。据统计，宁波已开业、在建和拟建的，营业面积在 3 万 m^2 以上的商业综合体（购物中心）有 57 个，总建筑面积超过 1000 万 m^2。如果加上全市 226 个建筑面积 5000m^2 以上的大型商业网点（单体商场、超市等），总面积超过 2000 万 m^2。按宁波常住人口和外来人口约 1200 万人计算，就目前情况来看，商业综合体扎堆和同质化现象较为严重。但在这个有如此多商业体的市场中，个性化的商业综合体相对运营情况较好，如宁波印象城、仿古建筑的南塘老街、三江口的 K11 购物中心等都是颇具人气和吸引力的商业场所。

上海南京路步行街是国内有名的老商业中心。但随着商业竞争的激烈和电商压力，在这样一条从不缺人流，在节假日甚至人满为患的商业街上，各大商场纷纷启动转型计划，加入到商场改造大军之中。上海南京路商圈位于黄浦区这一上海核心区域，其常住人口 70 万，工作人口却有 200 万，是白领、游客的热门聚会之地。上海东方商厦和第一百货改造后成为"一百商业中心"（图 2-15），并作为上海"文化休闲新地标"，定位为"年轻族群乐活馆"。第一百货商业中心开辟出第十层用作室内主题乐园，包括现场

图 2-15　一百商业中心改造前后对比
（上图：改造前；下图：改造后）

演出、虚拟演出、线上直播、线下活动、主题展览等。第一百货附近的新世界城、世茂广场、永安百货等项目也于2017年启动转型计划，面积共约33万 m^2（图2-16）。这些百货商场转型后会适当减少纯商业零售比例，增加体验式书店、创意集市等特色项目。

图 2-16 世茂广场改造前后对比
（上图：改造前；下图：改造后）

2.2.5 规划设计缺陷

规划设计缺陷是商业项目前期容易犯的硬伤，这一般是由开发商缺乏商业项目操盘经验以及设计团队在商业建筑设计领域不够专业导致的。商业项目中的规划设计陷阱不一而足，这里列举十大主要问题。

1. 动线设置不尽合理

动线是商业项目的"命脉"，合理而流畅的动线是商业项目成功的必备条件之一。很多商业项目后期运营出现问题，往往是因为一开始动线设置就不合理。常犯的两个错误是动线不连续和动线过于复杂。上海K11购物中心位于淮海路商圈，是由老百货店——香港广场改建而来，经过重新定位和改造设计后，成了一个以艺术为主题的购物中心。K11地上6层、地下3层，共9层，面积约4万 m^2。K11在艺术主题和氛围营造上做足了文章，设置了 $3000m^2$ 的艺术交流、互动及展示空间，并定期举办各类艺术展览、工作坊等活动。但其布局中最大的缺陷是动线设计上的问题，也许由于是改造项目，动线设计先天不足，不流畅且无法形成一个闭环。在业态布局上，购物中心高区设置了大量餐饮，使得整个项目的休闲餐饮比例达到 50%，这部分在一定程度上弥补了高区动线不连续带来的负面影响。但即使这样，对于顾客来说购物体验还是受到了一定影响（图 2-17）。

动线复杂的案例也有很多。三里屯太古里购物中心位于北京东二环与东三环之间，分南、北两区，共 19 栋建筑。三里屯采用街区式布局，动线纵横交织，次动线深入较长，导致部分动线达到率不够（图 2-18），这很明显影响了一部分支路商铺的可达性和经营效益。

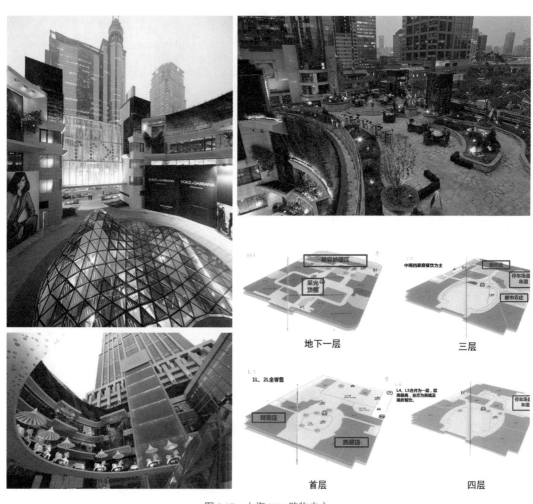

图 2-17　上海 K11 购物中心

（左上、下图：入口广场；右上图：屋顶花园；右下图：商业平面示意图）

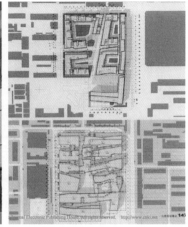

图 2-18　北京三里屯太古里购物中心
（左图：入口照片；右图：总平面图）

2. 出入口设置偏差

商业建筑的出入口设置至关重要。一方面要明显易辨，另一方面也要方便到达。出入口选择需要考察商业建筑周边的客流来源，一般设置在人流相对多的道路交叉口，或其他功能接驳处。同时，入口设置应照顾到两侧或一侧的端头店铺，这些店铺往往是吸引客流的次主力店铺。一般来说，购物中心相邻的两条路有主次之别，人流有差异，入口可适当偏转，从而为侧面的店铺提供更大的空间和更完整的展示面。入口布局的细节研究对于商场的未来运作也有重要意义（图 2-19）。

良好的入口设置及与动线的连接，可以把外部人流内化为内部人流，如杭州万象城的斜向动线设计就是一个典型例子。商场的入口数量既不能太少，也不能太多，尤其是沿街长度小于 150m 的购物中心不适合设置超过两个出入口（图 2-20），且门与门之间的间隔至少 50~60m。

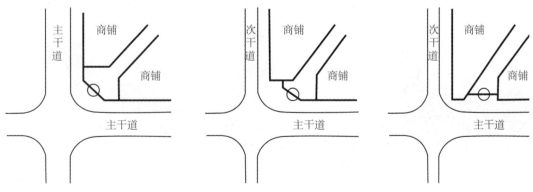

图 2-19　商业入口设置与城市道路关系

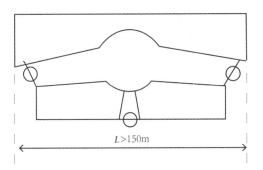

图 2-20 商业入口设置数量与沿街长度的
关系

$L>150\text{m}$

3. 空间死角

在商业动线规划中最易犯的错误就是出现空间死角。空间死角破坏了商铺的均好性，导致部分商铺成为"死铺"，几乎鲜有人光顾。好的动线就像一条线索，应能串接店铺，一头一尾分别是其主入口。

"死角型"动线指的是在一字形动线或回形动线中产生了射线。有时人字形动线或十字形、井字形动线都宜产生一条较弱的动线分支。这种动线设在首层问题不大，但在高层区就会有问题。一些商场采用了人字形动线，如新加坡ION购物中心（图2-21）及上海国金中心（图2-22）。井字形动线常在商业街区中使用，如北京三里屯项目、宁波老外滩项目，就采用了此类动线，体现出"街"的氛围。

但这类动线较为复杂，导致店铺的均好性较差。如果在水平动线设计中，有时不得已出现射线，就要采取一些方法来化解商业"死角"。一种方法是在射线的尽端设置主力店以吸引人流，带动射线两端的商铺；另一种方法是在其端部设置垂直动线，加强节点的个性化处理。

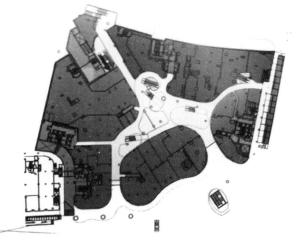

图 2-21 新加坡 ION 购物中心
（左图：入口照片；右图：首层平面图）

图 2-22　上海国金中心

（左图：入口照片；右图：首层平面图）

4. 净高不足

购物中心在前期规划时应注意预留足够的层高和净高。国内传统购物中心首层商业空间净高通常为 3.8~4.2m，二层以上不小于 3.5m，这是保证购物中心空间品质的基本条件。随着商业发展，目前国内购物中心的首层和顶层的层高有逐渐增加的趋势，首层可达 7~8m，这样可以在后期入驻一些品牌旗舰店和体验概念店，形成富有视觉冲击力和感染力的门店展示效果。

购物中心空间价值的很大一部分体现在净高上，这一方面与事先预留的层高有关，也与结构、机电的设计相关。一般来说，在柱网布局和机电设计上应使这部分高度控制在 1.5~2m 以内，以保证有效净高。

商场顶层设计屋顶花园时，由于顶层覆土、排水要求及所要求的结构高度，都会占用顶层层高，天窗排烟管道设置也可能会影响到顶层层高，因此应特别重视顶层商业最后的有效净高和空间效果。

5. 垂直交通布局有误

垂直交通布局的常见错误有：自动扶梯、垂直电梯等垂直交通设施数量不足，未配合人流动线组织、商铺布局特点就盲目布置垂直交通，地下车库与地上商业楼面缺乏有机联系。

以自动扶梯为例，一般设置间距在 50m 左右，商场档次较高时，可以在 30~40m 即设置一组，如香港国际金融中心。而垂直电梯一般在中庭部位作为辅助交通工具使用；在高层区目的性消费如餐饮等较多的区域，可考虑增加垂直客梯的数量。自动扶梯的数量可以根据人员流量估算确定，同时应兼顾乘客搭乘舒适性的要求。以下为自动扶梯数量计算方法，供参考：

$$Q=V \times M \times（3600\text{s/h}）\times B$$

式中 Q——通过主通道单位小时内的人数，按照通道在最拥挤程度下最大客流来选择；

V——顾客行走的最大速度，一般取 0.5m/s；

M——每平方米人数，一般取 2 人 /m^2；

B——自动扶梯的运输能力。

理论运输能力：$C=3600 \times k \times v/0.4$，其中 C 为理论输送能力（见表 2-9）、k 为系数，v 为额定速度。

表 2-9　自动扶梯理论运输能力

（单位：人 /h）

运送速度 扶梯宽度	0.5m/s	0.65m/s	0.75m/s
600mm	4500	5850	6750
800mm	6750	8775	10125
1000mm	9000	11700	13500

实际运送能力：600mm 和 1000mm 规格的为理论值的 70%，800mm 为理论值的 60%。

可以根据以上提到的自动扶梯布置间距及通道所需的自动扶梯数量，来布置自动扶梯。

垂直电梯数量的确定应根据商场层数、楼层营业面积、电梯速度及承载人数确定（图 2-23）。

垂直交通设施布置也要结合动线和主力店布局，尤其是一些层数较多的垂直购物中心（6 层以上），应考虑如何把人引导到高层区，再从高层区反向向下导入各个楼层，这时布局跨层电梯就十分必要了。在一些水平动线的尽端也应布置垂直动线，从而形成循环反复的人流动线。

地库与商业联系的问题常常是因为到达地库的垂直电梯数量过少，或者是因为地库最远停车位距离垂直电梯过远（超过 100m），导致使用不便。这都会严重影响顾客的体验感，在规划设计中应是尽力避免的。

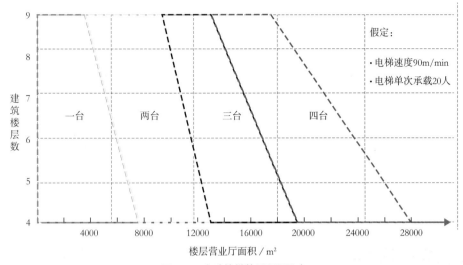

图 2-23　自动扶梯数量配置量表

（资料来源：http://www.winshang.com ）

6.导视设计混乱

有一种说法，优秀的商场导视系统设计能够优化动线、提升商场业绩，尤其是停车场、卫生间等设施在大型商场中更需要详细而清晰的导视系统指引。比如，对于郊区型购物中心来说，可能 70% 顾客都是开车过来的，停车系统设计显得尤为重要。

商场中的标识系统常易出问题之处有以下几个方面：

（1）尺度和位置不合理　标识设计尺寸大小应符合人体工程学，比如视距与文字大小的关系，这与指标系统布置的间距、高度等有关，有些导视系统布置间距过大，或牌子上的字体过小，导致人们使用、查找、观看不方便。视距与文字大小的比例可参照表 2-10。

表 2-10　导视系统视距与文字大小的关系

视距	中文文字大小	英文文字大小
40m	160mm 以上	120mm
30m	120mm 以上	90mm
20m	80mm 以上	60mm
10m	40mm 以上	30mm
5m	20mm 以上	15mm
1m	9mm 以上	7mm

注：资料来源：http://chuansong.me/n/615822452063。

从设置位置来说，应关注商场内重点部位的利用，如建筑室内墙体转角、扶梯及电梯口等。日本的很多商场都会充分利用柱、墙等转角部位设置导视标识，使得消费者可以迅速明确自己的方位（图2-24）。

　　（2）缺乏设计感及趣味性　导视系统应避免过于"雷同"，而应与商场本身的设计概念、特点形成呼应，富有设计感，且不失趣味性。里约热内卢Repossitioning购物中心指示系统，原先的商场室内设计有些平淡，再加上廉价材料的使用和照明的过度布局使得商场缺乏吸引力。设计师为改变这一单调的形象，在标识系统上使用木材和苔藓，带来了巴西森林的感觉和氛围，使室内更为柔和与自然（图2-25）。而伦敦Novy'Smichov商场导视系统设计，采用与

图2-24　结合柱、墙的商业室内导视系统（日本涩谷之光）

图2-25　里约热内卢Repossitioning购物中心指示系统

建筑室内风格相呼应的策略，利用单纯的色彩加上亚光的材质，略带折面造型，简洁而富有活力。

（3）未符合商场定位　导视系统设计也应符合商场定位，以及商场的主要客群特点，如有些家庭型购物中心会采用一些卡通或趣味图案来迎合儿童的喜好，营造出活泼轻松的购物环境。如 Ingelstra 专卖店购物中心（图2-26）采用了卡通形象作为商场的标识风格，非常轻松可爱。标识系统的材料使用尤其要注意，应根据商场的档次、风格灵活运用。

7. 停车配置不足

据统计，从平均消费能力来看，开小汽车的客户相比乘地铁等公共交通工具的客户更高些，因此停车配置对于商场的整体销售额影响还是很大的。尤其是一些地铁尚未成熟或没有地铁

图 2-26　Ingelstra 专卖店购物中心指示系统

交通条件的商场，车流承载能力更是日常营运的晴雨表。商场的停车配比严格来说与其业态构成和面积相关，但一般国内商场在前期规划时车位配比定为 1 个 /100m²（建筑面积），但近几年新建的购物中心，据调查车位配比已超过了该数值，达到了 1.37 个 /100m²（建筑面积），也就是说，每 70m² 即可配置一个停车位。有些购物中心如宜家购物中心将停车位配置指标甚至确定在 5%。国内一些城市的商业停车指标按照当地的技术规定，有时少于商场必要的停车需求，尤其是对于高端定位的商场来说，停车配置不足是"硬伤"。

除了停车配置数量要求之外，对停车位的尺寸设计也要引起重视。较理想的停车库尺寸是 9m×9m 柱网。如果低于这个尺寸，对普通轿车的影响不大，但对诸如 SUV 等大型车就不适合了。比如，8.4m×8.4m 的尺寸可以同时停放 3 辆轿车，但无法同时停放 3 辆 SUV 或宝马。如果同时停放两辆大车，那么剩下的空间也难以停放小车了，这样一来就难免浪费宝贵的空间资源。因此，对于定位高端的商场来说，柱网尺寸应充分考虑到这一点。另外，较佳的车道宽度一般要留足 7m，否则车辆的转弯可能存在困难。一些失败的案例往往体现在停车库内转弯车道过于狭窄等问题上。

图 2-27　新加坡的 Lluma 购物中心

8.公共空间设计不佳

公共空间在购物中心设计中必须给予重视。一方面，公共空间的面积占比不能过小，宜在 20%~30%。如上海恒隆广场公共空间面积占比约为 20%，上海来福士广场公共空间面积占比约为 23%，浦东嘉里城公共空间面积占比接近 24%。另一方面，公共空间的设计应有特色，这体现为两点：一是通过设计来激发人们的灵感，使公共空间成为项目的灵魂。国内购物中心经过 20 多年的发展，业态组合和空间设计等方面均出现了同质化现象，中庭设计几乎千篇一律，鲜有吸引人的独特设计。公共空间设计传递着一座购物中心的精神，应有城市公共场所的特征和适宜的尺度，以及很强的识别性。二是应赋予一定的功能。这种功能既可以是商业的，也可以是文化的，或者是旅游、休闲的。如 Mall of America（美国购物中心）在中庭布局了 Nickelodeon Universe 主题乐园，包括了游乐场、水族馆、博物馆等娱乐和文化设施，带动了中庭周边的其他零售及餐饮业态的消费。据了解，该购物中心年平均客流量高达 4250 万人次，其中专门为了主题乐园而来的观光客占比达到 40%。新加坡的 Lluma 购物中心的中庭则是"体验型中庭"的代表，穿插在中庭空中的廊桥（图 2-27）及上面布局的大量休闲餐饮业，吸引了大量消费者。

9.氛围不足

谋划不周的规划设计会严重影响商场的氛围。有些商场公共空间预留不足，空间设计单调，立面设计平淡，业态布局中的休闲类又过少，几乎是零售店铺的天下，这会导致商业氛围较弱。尤其在崇尚休闲生活方式的今天，商场若是缺乏休闲氛围，就无法为顾客创造一种温馨的归属感，其吸引力自然就会大大降低。在商业各层楼面上设置一些咖啡、茶座及其他休闲餐饮，颇能提升商场的氛围。

对于商业氛围不足的商场来说，可以从以下几个方面进行改造提升：

（1）主题营造　把主题植入到商业建筑中，可以打造一种特别的氛围和场景，这类似主题公园中的热烈气氛。如某个设计团队从电影《盗梦空间》中获取灵感，以超现实主义为切入点，采用对硬件建筑改动最少的情况下，通过增加软装元素，将一条旧商业街打造为极具体验式的第三生活空间（图 2-28）。

（2）增加休闲元素　可以通过增加室内外休闲餐饮及其外摆空间的方式来提升休闲氛围，有些商场的餐饮实体会将其空间完全打开，这使得店铺的内外可以相互渗透（图 2-29）。也可以把零碎的公共空间利用起来，如自动扶梯的下方和侧面、商业天桥等地方增添移动商铺、公共休息区、装置小品等。以皮特街购物中心（Pitt Street Mall）改造为例，该项目通过铺装、街道家具、照明三大元素，打造了无与伦比的特色商业空间（图 2-30）。

（3）增加标识、灯光等媒体广告　缺乏商业氛围的一大主要原因，在于标识系统、灯光运用、媒体元素利用不足，或缺少特色。著名营销大师菲利普·科特勒先生曾说，消费者购买的是商品的整体，不仅包括所购商品的实体，还包括包装、售后服务、广告、信誉，以及更为重要的交易地点的空间氛围。可见，

图 2-28　通过增加软装植入主题

图 2-29　日本 Toranomon Hills

图 2-30　皮特街购物中心（Pitt Street Mall）改造

空间氛围是一种非常重要的营销工具。顾客的购买行为具有可诱导性，有时顾客的购买动机是非理性的，诸如标识、灯光、广告等都会影响顾客的冲动型购物行为。以灯光为例，夜景灯光效果对于商业建筑来说非常重要。在商业街规划设计中可将不同业态的 CI 体系规范统一，并与底部建筑立面有机地融为一体，或是塑造具有业态针对性的情景灯光橱窗。随着先进的通信技术和媒体建筑的结合，一些媒体建筑可与顾客的个人行为产生互动，交互式体验正成为夜景照明可持续发展的方向之一，也是夜景照明全新的存在形式。

10. 业态组合不佳

在购物中心日趋同质化的今天，业态的选择和组合对于购物中心来说越来越重要。传统购物中心常常以大型超市、百货来吸引人流，现代购物中心往往倾向于既没有大型超市，也没有百货主力店，而是以大量的集合店、次主力店为锚点拉动人群。在这种情况下，业态组合上需要注意，如何组合才能使商业价值最大化。如把一两个区域的业态做到极致，从而形成强大的辐射力和竞争力。以日本的 Q'Mall 为例，它在建筑设计等硬件设施上没有太大的特色，但却把儿童和餐饮业态做到了尽可能大和专业，吸引了大量的家庭消费人群，从而形成了较强的核心竞争力。

另外，也可以根据商场针对的目标人群的需求，把业态挖掘到极致。如日本大阪的 HEP FIVE 是一个以 17~25 岁年轻人为目标消费者的商业项目，定位相当精确。其地下二层分布有游戏机房，顶层（七层）设置有摩天轮，室内的零售、餐饮、运动用品也以青年人为目标消费者，具有极强的针对性，因此该商场人气极高。

或许有人会质疑，在购物中心中，不同档次、不同定位的业态是否无法共存？其实也不然。土耳其 Istinye Park 购物中心总建筑面积达 8.7 万 m²，为著名的区域型购物中心之一（图 2-31）。它就将不同定位的商业业态巧妙地融合在一起，一、二层为高端定位，而地下一、二层为中端快时尚品牌、本土品牌、美食广场及超市等。即使在同一楼层，它也有高、中端定位之别。如高端品牌主要集中在中间的圆形区域，中端品牌主要分布在两边，使得高端人群和中端人群相互交织，极具丰富性和多层次性。

2.2.6 运营管理不佳

有人说，购物中心顺利开业只是成功了一半，后面的运营管理工作也极具挑战性。这种说法不无道理。而且项目一旦进入现场运营管理阶段，此前规划设计时的各种问题和矛盾将会逐渐暴露出来。以下几点将直接影响后期运营管理的效果。

1. 商场展示面设计

商场展示面设计包括展示界面的长度（沿线城市干道）、立面形象、广告规划等。万达广场的前期规划标准中有一条要求，就是商业展示面长度不短于200m。有些商场展示面过短，或立面形象缺乏明晰的定位和特色，这都会严重影响顾客对商场的认知度，从而影响品牌招商。

2. 与外部交通的衔接

与外部交通的衔接即项目的动态交通系统，这体现在周边交通条件、消费者所采用的交通方式、交通出入口、位置及布局等方面。

3. 内部停车系统

内部停车系统即静态交通，这需要对停车场的容量进行估算，不同等级、不同类型的购物中心，对停车位的需求不同，如城市级、区域级、社区级、生活时尚中心等对停车位的需求各有不同。如果是综合体，还需要考虑不同功能的停车共享。

4. 商业动线设计

动线的宽度、形态及节点（中庭）的位置、大小数量，这都会影响后期的运营效果。以对象划分，动线包括了顾客流线和货运流线。以方向划分，动线包括了水平动线和垂直动线。其布局的合理性、流畅性和便捷性均会对商业运营管理形成制约。

图 2-31　土耳其 Istinye Park 购物中心

5. 分区及主题定位

各层主力店的布局、品牌丰富度会影响人们的购物体验，业态应围绕主力店有所互动。

6. 铺位划分

铺位划分应在业态布局的需求之下，以先主后次原则进行合理划分，一般先规划好主力店，再规划散铺。在铺位划分时，注意铺位合理的空间尺度规划及面积。在满足基本需求的前提下，减少辅助设施（后勤走道、机房等）对商业出租面积的占用。

7. 辅助设施

对于购物中心运作的后勤辅助设施同样要精心设计，以保证购物中心正常运营。在做服务配套设施时，要注意合理安排卫生间的数量、间距、大小配置，后勤和消防系统、电梯及其他机电设备等。

第3章
商业建筑设计案例剖析方法

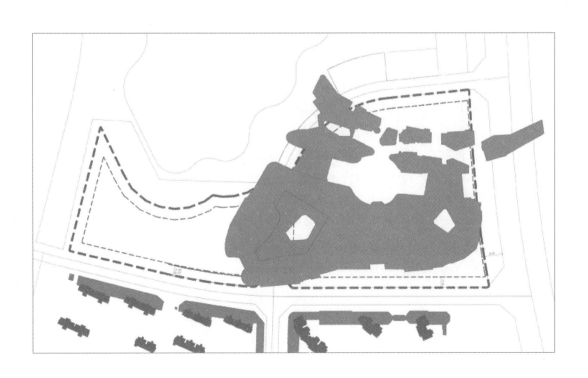

3.1 剖析的价值

邱昭良先生曾经在他的《复盘＋》一书中提到，复盘本身就是一种线下"微学习"，也就是线下"微课"，因为它的核心目的就是从工作中去学习。复盘的方式一般是由项目参与者在项目阶段或全部完成后的总结分析工作。另一种对他人项目的分析称为案例研究。不管是复盘还是案例研究，都可以将实际经验转化为有效知识或工作方法，并运用到其他项目实践之中。

针对自身参与的项目所做的剖析也就是"复盘"工作，也被称为"后评估"。万达在每个万达广场建设项目结束、开业的 3 个月之内，都会进行"开业复盘"工作，主要是对建设期项目管理体系运行情况进行分析和研究。万达采用严密、精细的"模块化管理系统"，包含 300 多个关键节点，项目都是系统工程，比较复杂。万达学院会牵头对信息进行收集，对各条线的问题，如成本超支、工期延误、质量问题等，进行分析与评估，从而用于指导制定或修编标准、规范制度等。除此之外，还有新开业项目的品质评审、营运期营运评审，以及租赁决策文件期满评审等。新开业项目品质评审包括建筑品质评审及商业品质评审，如对万达广场建筑品质考察包括外立面、夜景照明、景观环境、内装（含施工质量）；商业品质考察主要是品牌引进和店面装修。营运期营运评审一般在开业 6 个月后，用两个月时间进行评审，之后就是广场开业 2.5 年后的租赁决策文件评审。该评审对现状进行分析，包括市场定位、外部环境变化、自身经营状况，关键是为了提出新租赁决策期的核心调整思路，以调整商铺落位和租金增长幅度。

"后评估"工作或"复盘"工作既要总结项目成功之处及有效经验，也要找到不足甚至失败之处，并对问题产生的原因进行深入分析。"后评估"的评估者可以分为两种，一种是项目参与者自身和第三方专业机构，另一种为业主或使用者、消费者，前者可以通过信息收集，比对前期策划、规划设计图样，与建成和使用效果来进行分析研究；后者可以采用调查、访谈等形式展开，包括线上（网络）、线下等多种手段。

不管是采用"复盘"还是"后评价"法，目的都是为了在现有项目中找到成功或失败的主、客观因素，吸取教训，找到问题发生的根源，从而在下一个项目中"有所为而有所不为"。有人说，商业项目的成功往往是不可复制的。这有一定的道理，因为项目的成功有些是主观因素造成的，有些则是因为客观原因。比如，行业发展机遇、商业地点的不可复制性等。不过，客观原因不是决定性的因素，可以通过主观能动来消解其不利因素。比如，对市场的精准把握和对项目的良好定位、专业且优秀的设计团队选择等。举例来说，我们经常会看到一些"先天不足"的商业项目，也就是说这些项目的客观条件没有优势。比如，城市新区或远郊的商业项目、三线城市的大体量商业项目等，如华润五彩城就是华润置地开发的针对城市远郊副中心的产品线。不同于辐射整个城市的万象城，五彩城针对的是 10km（也就是 20~30min 车程）区域范围内的消费者。位于北京市海淀区的近 20 万 m^2 规模的五彩城，就是这样一个针对郊区化城市土地供应趋势的商业开发项目，该项目在 2011 年开业。不同于以往的万象城项目，它专门针对区域人群特点，采用了"去百货化"，重点突出儿童业态及体验益智业态。开业后，凭借自身精准的定位与不断创新的运营，海淀区五彩城已经成为区域型购物中心的标杆。正如张家鹏、王玉珂所分析的，该案例成功的内因在于业态选择的创新及对市场的精确定位，外因在于城市副中心商业发展也在这几年迎来机遇期，中国部分一线城市已具备发展城市副中心 / 郊区购物中心的条件。如中国一线城市汽车的普及使得消费者活动半径得以放大，使得郊区购物中心的品质化发展有了一定的支撑。另外，城市传统商圈的物业发展条件受到限制，使得部分大体量体验型且对租金较为敏感的业态进入郊区购物中心，这也正好使郊区购物中心的吸引力和辐射力大大加强。

综上所述，案例剖析的重点在于寻找方法，并形成系统性思维。一些项目的成功与失败有共性，找到共性问题，可以为将来的项目开发提供借鉴价值。而差异性研究可以使我们在面对不同的项目时更具有敏锐的洞察力，发现事物发展的规律和趋势。因此，案例剖析有助于使我们更好地控制商业项目规划设计、开发中的风险，同时发现机会。

3.2　剖析的方法

3.2.1　项目研究方法

案例剖析的本质是一个从案例分析到商业洞察的过程。通过对案例的深入研究，并常常联系自己的实践项目，可以不断地积累商业设计的有效经验，从而在新的项目中做出更为精准的设计判断。项目研究的方法较多，主要可归类为以下几种：

1. 观察法
项目研究最直接、也最简单的方法就是亲自去项目现场考察、体验、感受，以获得对项目最有效的判断。俗话说："百闻不如一见。"以一个普通消费者的身份去体验商业中心对你的吸引力，在观察的过程中，你可以验证商业动线布局的合理性，可以判断商业业态的丰富度和特色，也可以通过公共空间中正在发生的事件来感受商场的氛围和活力。观察者可以搭乘不同的交通工具或其他方式到达商场，比如步行、骑车、乘地铁或开车，以感受商场交通规划的合理性。室内从低区搭乘自动扶梯或垂直客梯到达高区，以体会垂直交通布局的效率和便捷度。甚至观察卫生间、后勤区等规划布局，也有助于我们对商业项目的设计优劣做出判断。

2. 测量法

观察是一种直接而简单的考察方式，但同时也是比较粗糙的一种考察方式。在观察的基础上，我们还常常要进行量化分析，即对项目的关键部位的尺寸进行测量（图 3-1），如室内的净空高度、中庭的尺寸、走廊的宽度、自动扶梯的数量和间距、店铺数量、店铺开间与进深尺寸、柱网尺寸等。测量法的作用在于，它能使我们更精确地认识商业建筑的基本尺度，从而指导实际的项目设计。如通过对大悦城的研究发现，对于 5 万 ~10 万的人流量应设置 18~30 部扶梯、4~10 部垂直扶梯就可以基本满足人流运输的要求。

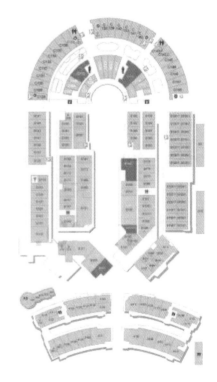

图 3-1　百联青浦奥特莱斯建筑基本尺度分析

3.调查法

访问和调查项目业主、经营者、消费者等，也是一种评判和研究商业项目的方法。传统的方法有问卷调查、访谈等方式。现在随着互联网的发展，采用"网络评估"做"后评估"的做法也越来越普遍。这种评估方式可以覆盖更广阔范围的人群，且成本相对低廉。调查法重在考察使用者对于商业体的满意度和喜好，对于商业中心的运营效果、使用中的问题、吸引力以及主要消费群体都能有一个更为全面而充分的了解。

4.比较法

单个案例的研究可以通过以上所说的观察法、测量法和调查法来实施。但多个案例放在一起比较，往往更能发现商业建筑设计的本质和规律。比较的方法关键在于设置比较点，这些点要便于分析，且能形成模式、规律。比较点不仅包括有区位地点、开业时间、项目类型、容积率、商业建筑面积、层数、停车位配置数量、开发商、运营商、设计单位等这些相对比较单一的统计性指标（单项指标），而且也包括交通条件、业态配比和特色、客群定位、空间特色、规划设计特点等比较综合的描述性指标（综合指标）。当然，也可以将指标划分为数量指标和品质（质量）指标，前者包括建筑尺度、人流量、停车位配置数量、投资收益等，后者包括建筑特色、景观特色等。把不同案例的多项指标放在一起来看，更容易找到规律，从而为今后的项目实践提供依据。

假设我们要考察区域购物中心（5万~8万 m² 商业建筑面积）的主力业态有哪些配置特点，我们可以找到地点区位为城市副中心、新城中心或市中心商业建筑面积为 5 万 m² 以内的案例，来考察它们的主力店配置，从而找出一些特点和规律。以上海的一些区域购物中心为例，见表3-1。

表 3-1　上海部分区域购物中心主力业态设置（截至 2018 年）

区位	区域购物中心	商业建筑面积/m²	主力业态配置											
			超市	百货	儿童	家居	影院	书店/图书馆	KTV	体育健身	娱乐/其他文化设施	美食广场/宴会厅	教育	电器
市中心	悦达889	63083	Bit超市	多特力生活馆	汤姆熊欢乐世界	NOVO	—	—	—	—	—	—	—	—
	96广场	66100	—	—	宝大祥青少年儿童购物中心，金宝贝	—	—	—	上海歌城	威尔士	卡雷拉路轨赛车	—	—	—
	梅陇镇广场	68082	百佳超市	伊势丹	—	—	环艺电影城	—	—	—	—	伊势丹饕餮俱乐部	华尔街英语	—

区位	区域购物中心	商业建筑面积/m²	主力业态配置											
			超市	百货	儿童	家居	影院	书店/图书馆	KTV	体育健身	娱乐/其他文化设施	美食广场/宴会厅	教育	电器
城市副中心	正大乐城	55120	正大乐城绿地全球商品直销中心	—	—	—	华士达影院	大众书局/晨光文具	24k梦幻小镇主题歌城	—	—	—	—	—
	大拇指广场	约80300	家乐福	—	—	—	影酷数码影院	—	好乐迪	优哉瑜伽SPA会馆	证大现代艺术馆	—	—	—
新城中心	徐泾元祖梦世界儿童主题	约150000（含办公）	—	—	儿童职业体验馆	—	儿童演艺厅	—	—	户外训练营	—	—	—	—
	徐泾永业广场	60000	家乐福	—	—	百安居	X-Cinema	—	宝乐迪	—	—	—	—	万得城家电
	中房金谊广场	88000	乐购超市	—	酷贝龙/可音可	—	金谊华夏影城	—	—	SOHO GYM宿禾健身/潘晓婷台球俱乐部	歌神KTV	—	文成书院/迪士尼英语	—
	松江鹿都广场	77000	沃尔玛	东方商厦	—	—	上海左岸电影	—	—	—	—	—	—	—
	金山白联购物中心	70000	世纪联华	东方商厦	—	—	星美国际影城	—	—	—	—	丰收日大酒店	—	—
	嘉亭荟	65000	大润发	—	卡通尼儿童乐园/乐高玩乐	—	CGV国际影城	品读（嘉亭荟公共阅读空间）	上海歌城	动感天地/欧登保龄球馆	—	—	—	—
	南翔中冶祥腾广场	52000	城市超市	—	金宝贝/红黄蓝亲子乐园	—	保利国际影城	—	星乐汇	跆拳道馆/迈博健身中心	聚辉动漫城/晓时候美术馆	—	吉的堡	—

从以上案例比较中可以看出，比较法也可以发展为统计法，即对多个案例就某一个或多个指标进行统计分析。目前，发展得如火如荼的大数据技术其实也可以作为统计工具，但关键是要把大数据转化为有价值的信息，即要对统计结果进行总结。

除了横向比较之外，也可以进行纵向比较。有些案例自身的发展和更新就很有研究价值，比如一些改造成功的项目。以北京世贸天阶项目为例，该项目于 2007 年建成，当时是北京地区乃至全国的具有标杆性的商业项目。在经过 10 余年的运营之后，商业环境发生了较大变化，再加上电商的冲击、消费者购买行为的改变，该项目面临着亟待改造升级的压力，尽管世贸天阶依然是众多国际品牌的首选之地。北京世贸天阶从 2016 年开始进行大规模调整和改造，从品牌架构、硬件设施、客户服务以及购物体验等多个方面进行了全面的升级改造。通过引入新的运营管理团队，对陈旧业态进行了全新的更新改造。

上海新天地也是一个非常有研究价值的案例。尽管该项目要全面复制很难，但其中还是有一些可以借鉴之处，比如其商业分期开发节奏。2001 年一期最早开发了北里，2002 年二期开发了南里，南里、北里均以休闲餐饮为主。2010 年三期开发了新天地时尚购物中心，以零售、家居等功能为主，并通过连桥与南里相联系，实现了业态互补（图 3-2）。

对于案例剖析来说，分析成败的原因比事实观察更为重要。分析成败的原因主要从项目选址、开发团队、业态组合与配置特点等方面展开。不了解原因，就会轻信事实，从而错误地移植他人经验，并且会做出不恰当的预测。另外，找到分析重点也非常重要。重点分析远比大量分析更重要。正如麦肯锡的经典

图 3-2　上海新天地商业分期开发区域布局

观念所说，"不要妄想烧干大海"，分析不求面面俱到，而在于找到项目的关键特点和核心要素。

3.2.2 规划设计研判

案例剖析的价值，首先在于对实际项目在规划设计上的指导价值。具体来说，包括以下几个方面：

1. 规模尺度

将实际项目与研判案例对比，可以发现两者的相同点和不同点，比如不同的用地大小，其商业建筑规模也可进行比较（图 3-3），尤其是公共空间的规模，如室外广场的大小，商业街区的宽度、长度等。反过来，建筑规模（建筑面积相同）相同时，可以比较其用地大小。

2. 功能布局

对于商业综合体来说，相似规模的项目还可以研究其功能组合比例及功能布局关系，从而对于项目设计提供可资借鉴的组合布局方案。比如办公、住宅与商业裙房的布局组合方式，可以通过多个不同策略的案例进行比较和研究来获得。同样规模的商业综合体，其办公、住宅、酒店等功能，与商业功能的面积分配方式，也可以通过类似案例的研究找到可供选择的方案（见表 3-2）。

3. 商业动线

案例比较和研究也可以给商业动线布局提供有价值的参考。不同规模的用地以及不同形态的用地对商业动线的处理方式会有所差异。对商业动线的分析和总结对于具有类似特征的商业项目有一定的实际参照意义（图 3-4）。

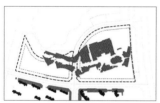
美国环球影城

上海大宁国际

上海港汇广场　　无锡万象城

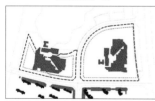
宋都御城

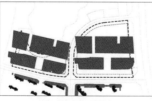
上海五角场万达广场

浦东嘉里城

北京蓝色港湾

图 3-3　与某项目基地同样比例的不同商业项目的规模比较

表 3-2　商业综合体功能面积配比案例

案例	各功能占比（%）					合计
	商业	办公	酒店	公寓	住宅	
深圳万象城	38	9	16	14	23	100%
杭州万象城	30	14	7.5	31	17.5	
上海恒隆广场	25	75	—	—	—	
上海港汇广场	33	40	—	27	—	
上海来福士广场	31	69	—	—	—	
北京来福士广场	38	37	—	25	—	
成都来福士广场	35	32	15	18	—	

动线特征	典型案例		
一字形	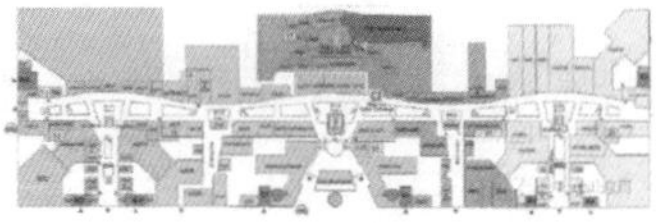 北京东方新天地	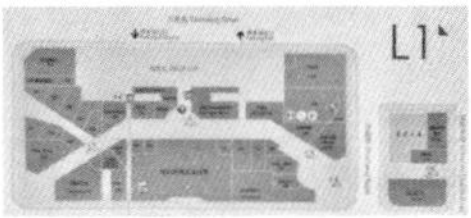 深圳万象城一期	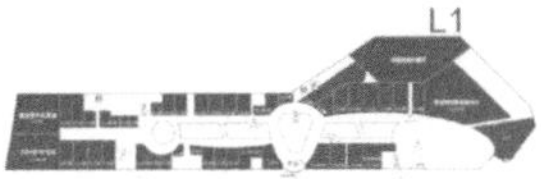 深圳益田假日广场
L 形	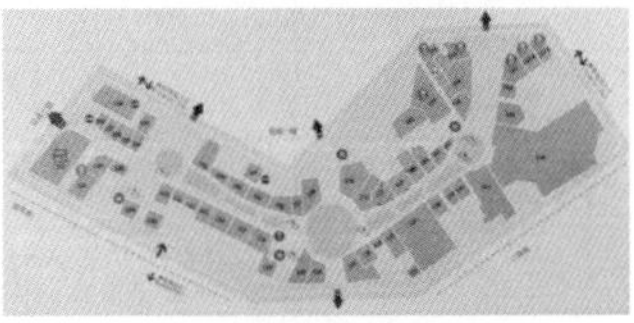 成都万象城	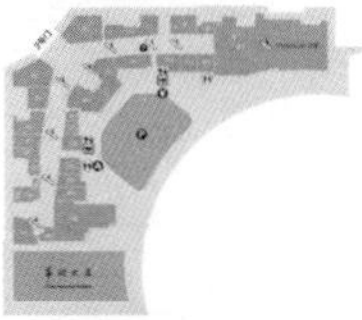 南宁万象城	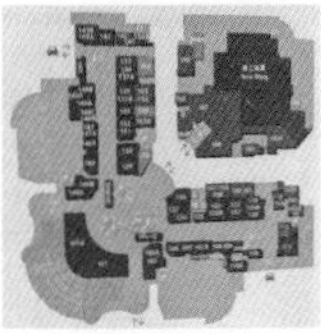 上海港汇广场
十字形 /T 字形	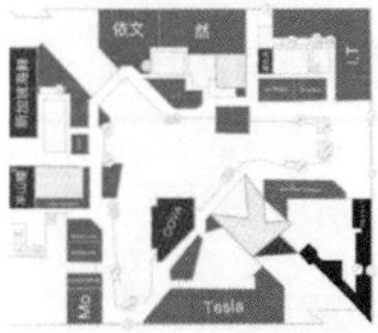 北京侨福芳草地	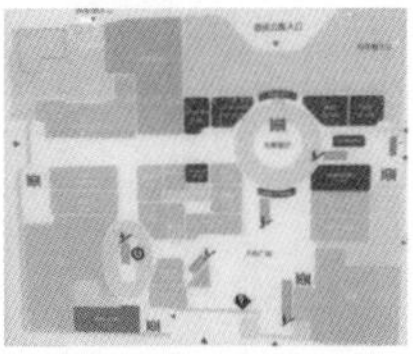 西单大悦城	 广州太古汇
环形	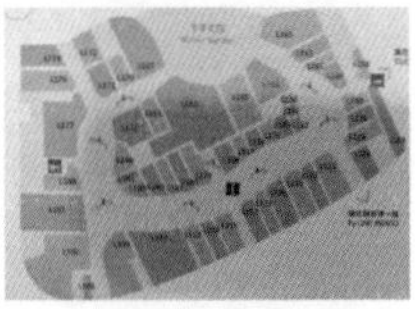 北京颐提港	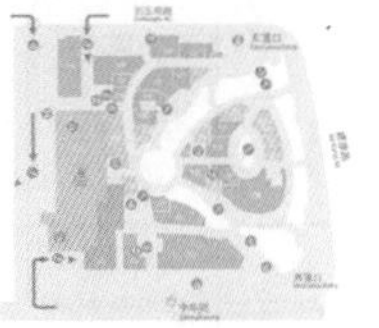 南京水游城	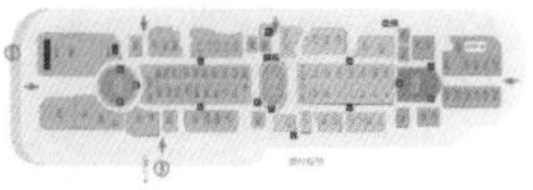 上海环球港
复合型	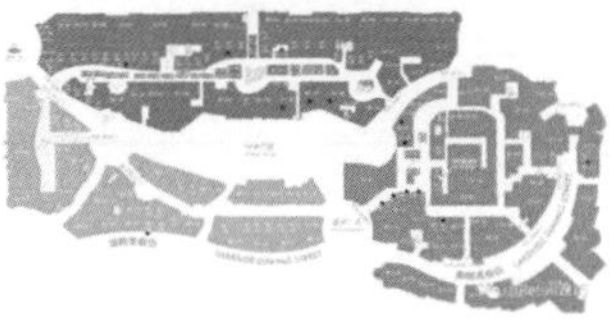 北京蓝色港湾	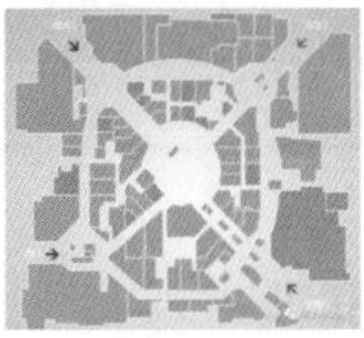 广州正佳广场	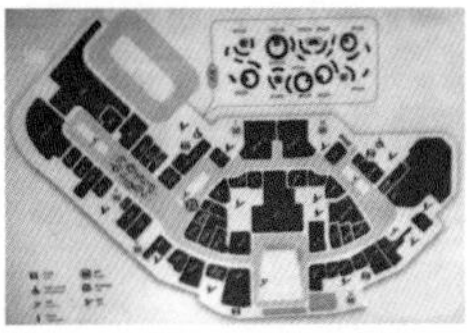 北京朝阳大悦城

图 3-4　不同商业动线类型的典型案例

4. 配套设施

采用统计方法，可以对商业案例的配套设施进行归纳和总结，包括停车位数量、卸货位数量、自动扶梯配置数量、垂直客梯和货梯配置数量、卫生间布局及数量等。以卸货位设置为例，通过购物中心案例研究，可得出以下结论：

1）购物中心卸货区的停车位不少于 3 个，具体数量需要根据业态及商业出租面积按需设置（见表 3-3）。

2）卸货区平均高度为 0.7~1m，平台最窄处不小于 2.5m（见表 3-4）。

3）卸货区平台及物流通道要有必要的防护措施，平台外侧需要加橡胶防护层，平台及通道边界用角铁包边，或设置防撞护杆。

4）车库内卸货区应允许 1.5t 重的货车进入，小型货车区净空高度为 3.2m，垃圾车区净空高度为 4.5m。

表 3-3　后勤配套设施案例比较

项目 ＼ 商场	重庆海底城中心	深圳万象城	深圳中信广场	益田假日广场
商业面积 / 万 m²	11	18.8	7.18	10
商业层数 / 层	7	6	6	6
货梯数 / 个	6	10	8	6
总吨位 / t	12	20	16	12
卸货区累计面积 /m²	300	500	200	290

表 3-4　后勤配套设施案例比较

项目 ＼ 商场	深圳华润万象城	中信城市广场	香港海岸城中心
卸货区数量 / 个	5	多个	—
卸货区配套设施	均设有平台、坡道、台阶	大多设有卸货平台、坡道、台阶，吉之岛有专用卸货区，无卸货平台	主力店吉之岛有专用卸货区，有平台，能同时停 3 辆车；其他业态共用一个约 450m² 的卸货区
卸货区位置	地下一层	地下二层	地下一层
卸货平台高度 /m	0.8、1.2	0.85、0.95	0.75
卸货平台宽度 /m	10	2.7	8
坡道长度 × 宽度 /m	6.5 × 1.5	11 × （1.2~1.5）	9 × 1.8

3.2.3　业态特色研究

商业业态一直都是商业项目研究的重点内容之一。案例剖析也可以研究和追踪商业项目中引入业态的变化与发展。商业项目中的业态可以分为两种：一种是传统业态，如零售、餐饮、超市、百货、影院等；另一种是近几年兴起的非传统业态，如动物园、植物园、美术馆、篮球馆、游艇俱乐部、体检中心、牙科诊所等，这些业态也可以称之为创新业态。当然，创新业态中还有一类是传统业态的衍生品，如从零售衍生出来的潮流集合店、创意生活馆、生活方式体验店、设计师品牌等，从餐饮中演化出来的创意主题餐饮、素食馆、网红餐厅等。

1. 传统业态

对于传统的按照服务半径分类的购物中心来说，不同类型的购物中心有其各自的业态特色。如对于社区级购物中心（商业建筑面积在 5 万 m² 以下），其社区服务方面面积占比为 10%~20%。

有人曾对深圳 23 个比较典型的社区商业开发案例[⊖]进行过调查和统计，其商业业态面积比例见表 3-5。

表 3-5　深圳 23 个典型社区商业业态面积比例

业态类型	面积占比（%）
超市	39
餐饮	18
休闲	15
服务配套	9
美容	5
其他	4
服饰精品	3
生活家居	2
地产中介	2
杂货／肉菜／五金／证券	2
便利店	1
合计	100

注：资料来源：万房网地产研究机构 . 社区商业开发操盘实战解码 [M]. 大连：大连理工出版社，2009 年，第 137 页。

⊖ 这 23 个社区为旭飞花园、东方雅苑、港湾丽都、都市名园、西海湾花园、中海湾畔、万科金色花园、桃源居、美丽 365 花园、波托菲诺、潜龙花园、海滨广场、阳光棕榈园、锦绣江南、颐园、东海坊、蔚蓝海岸、金地海景翠堤湾、万科四季花城、皇御苑、招商海月花园、星海名城、东方沁园等。

社区商业案例中的主力店类型见表 3-6。

表 3-6　社区商业案例中的主力店类型

主力业态	项目案例（品牌）
体育运动	田林越界（领域射箭馆）、中房金谊广场（潘晓婷台球俱乐部）
健身	田林越界（一兆韦德）、浦东嘉里城（嘉里健身）、中房金谊广场（SOHO GYM 宿禾健身）、碧云风情街（美格菲健身中心）、万科五玠坊（金仕堡健身会所）
影院	田林越界（庆春电影院）、南翔中冶祥腾广场（保利国际影城）、中房金谊广场（金谊华夏影城）
超市	中房金谊广场（乐购超市）、碧云风情街（家乐福 / 迪卡侬）、浦东嘉里城（华润 Olé 超市）、南翔中冶祥腾广场（城市超市）、瑞虹生活广场（易买得）
儿童	浦东嘉里城（儿童探险乐园）、南翔中冶祥腾广场（金宝贝、红黄蓝亲子乐园）、中房金谊广场（酷贝龙 / 可音可）
教育	南翔中冶祥腾广场（吉的堡）、中房金谊广场（文成书院 / 迪士尼英语）、万科五玠坊（花园宝宝早教中心）
KTV	南翔中冶祥腾广场（星乐汇）、中房金谊广场（歌神 KTV）
电玩	南翔中冶祥腾广场（聚辉动漫城）
会所	万科五玠坊（砾石堡红酒会所）

从以上案例比较中可以看出，社区商业中，超市、健身、影院、儿童和教育类主力业态最为常见。

2. 创新业态

创新业态是为了应对近几年来快速发展的电商而在实体零售中兴起的一种新品类。除了前面所说的新零售、新餐饮，还有以下几种：

（1）儿童类　在原来的儿童娱乐、儿童服装及玩具零售基础上，又出现了儿童餐饮、儿童运动馆、儿童科学馆、儿童医疗、儿童书店、幼儿园等。

（2）生活服务类　在原来的银行、美容、理发、花店、照相馆、洗衣店等基础上增加了专科诊所、宠物服务、旅行社等。

（3）娱乐类　在传统的影院、KTV、电玩等基础上新增了运动馆、体验馆、海洋馆、电竞、网吧、密室鬼屋、主题乐园、攀岩馆、滑雪场、娱乐集成店等。

（4）文创类　主要有主题博物馆、展馆、画廊、众创空间、演艺剧场、手工坊、跨界复合店等。

创新业态及设有该类业态的案例见表 3-7。

表 3-7 创新业态及设有该类业态的案例

创新业态		案例（项目名称、商业面积）
新零售	潮牌	深圳万象城（23 万 m^2）
	跨界集合店	RISO 素食、韩国 Line 主题店
	生鲜超市	盒马鲜生、超级物种、永辉、世纪联华鲸选未来店（杭州西湖文化广场，2 万 m^2）、天虹 Sp@ce 生活超市（天虹深南店）、步步高鲜食演义（长沙步步高梅溪新天地，70 万 m^2）
	无人零售	淘咖啡、缤果盒子
	新型城市艺术美学空间	海马体照相馆
新餐饮	创意主题餐厅	上海日月光中心广场（14 万 m^2）、上海五角场万达广场（26 万 m^2）、广州奥园城市天地（7 万 m^2）、西安万象城（27.03 万 m^2）、上海瑞虹天地月亮湾（动漫竞技游戏主题餐厅，6.4 万 m^2）
	素食餐饮	杭州国大城市广场（6 万 m^2）、杭州来福士广场（11.6 万 m^2）、成都银泰中心 in99（19 万 m^2）
	红酒馆	重庆 IFS（11.4 万 m^2）
	手作料理	深圳万象天地（23 万 m^2）
	网红餐厅	龙湖苏州狮山天街（20 万 m^2）
	音乐酒吧	上海瑞虹天地月亮湾（6.4 万 m^2）
儿童	儿童餐厅	上海万象城（24 万 m^2）、上海青浦吾悦广场（13 万 m^2）、北京金隅嘉品 Mall（5 万 m^2）、上海世博源（10.8 万 m^2）
	儿童医院	杭州国大城市广场（6 万 m^2，儿童口腔医院）、成都城南优品道广场（10 万 m^2，儿童中医院）
	儿童书店	上海徐汇绿地缤纷城（8.7 万 m^2）、广州奥园城市天地（7 万 m^2）
	儿童运动馆	金华义乌之心城市生活广场（27 万 m^2）
生活服务	中医会馆	天津天河城（20 万 m^2）
	专业齿科	上海万象城（24 万 m^2）、龙湖重庆源著天街（9.3 万 m^2）
	运动康复医疗机构	成都九方购物中心（10 万 m^2）
	健康中心	杭州大厦 501 城市广场（共享式医院——全程国际健康医疗管理中心，15.6 万 m^2）、厦门建发湾悦城（10 万 m^2）
	月子中心	厦门 SM 新生活广场（11 万 m^2）
	婚纱工作室	杭州嘉里中心（10.8 万 m^2）
	眼科诊所	厦门瑞景商业广场（6 万 m^2）
	医疗美容中心	福州东二环泰禾广场（15 万 m^2）
	体检中心	福州东二环泰禾广场（15 万 m^2）
	皮肤管理中心	泉州晋江 SM 国际广场（16.8 万 m^2）

创新业态		案例（项目名称、商业面积）
娱乐	3D 打印馆	北京京通罗斯福广场（6.7 万 m²）
	电子产品 /VR 体验馆	深圳佐阾虹湾购物中心（7 万 m²）、北京京通罗斯福广场（6.7 万 m²）、北京银泰 in99（5 万 m²）、北京昌平永旺梦乐城（5.3 万 m²）、深圳龙华九方购物中心（10 万 m²）、深圳华强九方购物中心（18 万 m²）
	室内动物园	武汉天地壹方购物中心（11 万 m²）
	海洋馆 / 海洋公园	佛山绿岛广场（5 万 m²）、杭州江和美海洋生活广场（5 万 m²）
	冰雪主题公园 / 湖上冰宫	哈尔滨万达城（12 万 m²）、新光天地重庆（35 万 m²）、长春欧亚新生活购物广场（24 万 m²）
	萌宠王国	青岛金茂湾购物中心（6.1 万 m²）
	乐高体验中心	绍兴永利吾悦广场（14 万 m²）
	主题乐园	北京爱琴海购物公园（720° 穿行世界主题乐园，13 万 m²）、北京华联力宝购物中心（火车乐园，8 万 m²）、苏州金鹰国际广场（11 万 m²）
	游艇俱乐部	上海开元地中海（9 万 m²）
	篮球场	武汉凯德·西城（16 万 m²，屋顶篮球场）、新光天地重庆（35 万 m²，天空篮球场）、青岛新城吾悦广场（14 万 m²，室内篮球场）
	桌球网咖	上海嘉定宝龙城市广场（8.8 万 m²）、西安万象城（27.03 万 m²）
	轮滑馆	北京枫蓝国际购物中心（6 万 m²）、西安万象城（27.03 万 m²）、龙湖杭州滨江天街（24 万 m²）
	卡丁车馆	成都 339 欢乐颂购物中心（10 万 m²）、宁波海港城商业广场（13 万 m²）
	鬼屋	上海五角场万达广场（26 万 m²）
文创	美术馆、艺术馆	南京德基广场（15 万 m²）、杭州国大城市广场（6 万 m²）、上海徐汇绿地缤纷城（8.7 万 m²）
	图书馆	南京德基广场（15 万 m²）
	博物馆	南京德基广场（15 万 m²）、上海万象城（地铁博物馆，24 万 m²）、福州金融街 APM 广场（8 万 m²）
	DIY 手工坊	北京银泰 in88（5 万 m²）
	舞蹈教室	上海万象城（24 万 m²）、绍兴诸暨万达广场（16 万 m²）、长沙百乐商业广场（10 万 m²）
	天空农庄	上海怡丰城（12 万 m²）
	画廊 / 画室	龙湖杭州滨江天街（24 万 m²）、青岛新城吾悦广场（14 万 m²）
	知识共享空间	龙湖重庆 U 城天街 B 馆（10 万 m²）

从以上创新业态案例分析中可以看出，在各类业态中均有比较热门的创新店，如生活服务类中的专业齿科、健康中心，儿童业态中的儿童餐厅、儿童医院，娱乐业态中的电子产品和 VR 体验馆、主题乐园，文创类中的美术馆、博物馆、文创书店等。也有一些业态的创新店偏少，值得进一步挖掘。

3.2.4 商业坪效考察

商业案例分析的另一个重要价值在于对商业坪效的比较与分析。坪效指的是每平方米（面积）可以产生的营业额。坪效[一] = 营业额 / 营业面积。坪效是用于衡量商业项目经营效益的重要指标。坪效的高低取决于两个方面，一方面是有效客流量，另一方面是客单价。由坪效的决定因素出发，可以找到提升坪效的商业项目规划设计要点[二]。

1. 客群定位

一般来说，高端客群定位的项目由于其客单价较高，其坪效也较高，尤其是奢侈品的高端定位项目。如上海南京西路恒隆广场、陆家嘴新鸿基国金中心等，2014 年时坪效已经达到 7 万元 /（m² · 年）。根据 2016 年上海商圈统计数据，市区商业相比郊区商业坪效要高很多。

2. 动线规划

商业动线规划对于提高商业坪效也很关键。提高各个商铺的位置均好性、消除尽端商铺是动线规划中需要重点考虑的。

3. 业态组合

从分业态来看，零售业租金水平最高，餐饮业次之，其他服务业最低。以上海商业综合体坪效为例，2016 年，零售业、餐饮业坪效分别为 59.9 元 /（m² · 天）和 51.6 元 /（m² · 天），均高于其他业态。可见，商业综合体中的体验类业态尽管人流吸引力较强，但坪效并不一定比传统业态高。在业态组合时，需要综合考虑，控制好各个类型业态的比例。总而言之，业态组合中各个品类面积结构应与该品类的坪效尽可能匹配，归根结底，是与顾客的需求相匹配。若组合不合理，有些品类占用面积会偏大，但无论是销售贡献，还是吸引客流的作用都较少。而有些品类的经营面积偏小，这会使顾客对商品可选择的范围不大，那么这部分顾客的购买需求可能会流失。

4. 配套设施

配套设施的完善是提高有效人流量的关键因素。如母婴室的设置可以吸引带婴儿的年轻母亲；停车配套的充足和便捷可以吸引自驾车顾客，有助于提升客单价。

5. 商业规模

[一] 1 坪 =3.3m²。"坪效"是我国台湾地区的说法。我国大陆地区一般称为"平效"，即每平方米指标。

[二] 当然，为了追求高坪效，各类促销推广等营销手段必不可少。

商业规模（体量）是影响坪效高低的重要因素之一。一般情况下，大中型购物中心相比小型购物中心的坪效要略高一些。据统计，2016年，上海大型城市商业综合体的坪效比其他中小型商业综合体都要高，达到了61元/（m²·天）。

6.城市级别

通过比较不同城市的购物中心，我们可以发现某些商业品类的坪效差别。根据快时尚品牌在国内不同城市的经营绩效数据，可以发现快时尚品牌（如H&M、Zara、C&A、UNIQLO、Forever 21、GAP、UR等）在一线城市尽管承受着较高的租金成本，但其在一线城市创造的坪效依然显著高于二、三线城市。但与之相反，餐饮的坪效却与城市等级关系不大。尽管餐饮业态所支付的保底租金，一、二、三线城市的级差效应较为明显，但是其坪效的差异则没有那么明显。因此，对于二、三线城市在商业业态整体规划时，可以适当提高餐饮比例和租金提成，以便提高整个购物中心的坪效。

综上所述，通过案例考察和比较研究，可以找到与商场坪效相关的选址、规划设计、业态组合等方面的规律，从而为今后的项目实践提供可资借鉴的经验。

第4章
国内当代商业建筑经典案例剖析

4.1 全家庭型购物中心

4.1.1 特点

全家庭型购物中心是目前购物中心发展中很重要的一种类型。它主要以满足中等收入家庭需求为主，并采用相配套的业态组合来吸引目标消费群体。

从目前国内发展来看，最早起源于"一站式购物"理念的全家庭型购物中心，以全客层、全龄层的家庭式消费以及贴近生活的属地化消费为特色。它常常集购物、餐饮、休闲、娱乐、文化、旅游为一体，关注与家庭生活息息相关的每一个领域。有人说，全家庭型购物中心更像一个家庭生活的"后花园"。

随着国内中高收入人口的增加，人均可支配收入也在逐渐增加，消费者需求也呈现多样化趋势。据统计，特别是外出就餐及与儿童相关的支出呈现出不断增加的趋势。相应地，国内全家庭型购物中心中的餐饮、儿童及家庭娱乐（如影院）方面的业态发展势头比较迅猛。全家庭型购物中心由于定位于本地的家庭消费群体，往往会带有较为明显的地域特点和本国人口生活方式特点。如日本的 LaLaport 购物中心号称日本首家美式购物中心，1981 年在东京都东北方的千叶县开幕。这家购物中心以其专注家庭的特点，打造了一系列业态配套来吸引日本中层家庭消费群体，如 LaLaport 剧场、文化中心、网球俱乐部、小型高尔夫球场、巨大迷宫、停车型露天剧院等。它的文化和运动设施配套的丰富度值得国内全家庭型购物中心在未来发展中学习和借鉴。

4.1.2 分类

随着商业地产的快速发展和变革，设计师将不只是单纯地规划商业中心，开发商也不仅仅是单纯地建设商场，而是考虑如何构筑生活方式，跨越传统商业思维模式，关注人的生活圈，扩展功能的多样性和丰富度。

在商业开发前期做市场和商圈评估时，往往会着眼于中高收入者的比例与人数。我国若单纯地以人口进行评估，会发现市场规模很大，但如果将中高收入者的人数作为目标客群进行判断的话，就没有那么乐观了。据统计，我国的中高收入者占比在重点城市达到 30%~40%，在地方城市只有 10%~20%。不同城市之间差距较大，特别是在地方城市比例并不高。因此，全家庭型购物中心由于其属地性特点，在不同城市里的定位、业态组合应有差异性。

若以定位的档次来分，可以分为高端、中端两个层次；若以区域范围来分，可以分为城市型、区域型和社区型。早期较为经典的高端全家庭型购物中心如万象城，它的辐射范围同时也是城市级的。上海七宝万科购物中心、华润五彩城、龙湖大兴时代天街则属于中端区域级全家庭型购物中心。日本的格林木购物中心也属于区域级全家庭型购物中心。从城市发展来看，区域型及社区型购物中心走全家庭型路线还是有一定的市场，尤其是一线城市的社区级购物中心与二、三线城市的区域级购物中心，这与这类城市的中等级收入阶层人数增加、儿童培养和教育需求及老龄化发展趋势具有较为密切的关系。

4.1.3 案例

1. 成都万象城

万象城（MIXC）是华润集团开发的高端购物中心，一直以来以"一站式"消费为倡导理念，强调对城市生活方式和消费潮流的引领。从 2002 年第一座万象城在深圳诞生起，10 多年间，已经在除了深圳之外的杭州、无锡、南宁、沈阳、成都、青岛、重庆、泰州、温州、赣州等多座城市落地。

成都万象城是继深圳、杭州、沈阳之后的第四座万象城，总建筑面积为 31.76 万 m^2，设计单位是 Callison，项目包括 24.4 万 m^2 的购物中心、7.4 万 m^2 的超高层甲级写字楼华润大厦。该项目已于 2012 年 5 月开业（见表 4-1）。

表 4-1 项目档案

开发商	华润置地	总建筑面积	31.76 万 m^2
商业面积	24.4 万 m^2	开业时间	2012.5.11
投资金额	25 亿元	停车位	约 1700 个机动车位 4300 个非机动车位
项目定位	集百货、超市、品牌旗舰店、影院、真冰场、餐饮于一体的一站式购物中心		
主力店	Ole'精品超市、尚泰百货、百老汇影院、缤纷万象真冰场、玩具反斗城、NOVO 等		
项目地址	四川省成都市成华区双庆路 8 号		

（1）规划设计 成都万象城是成都首个采用退台设计的购物中心，叠落花园（图 4-1）、景观指廊（图 4-2）等室外与丰富的内空间设置了大量的餐饮业态，这一方面引入了"田园城市"的设计概念，另一方面符合了成都人崇尚休闲的生活方式。整个商业动线呈现为一字形，主入口设置在中间位置，两头分布有主力店。主入口位置结合了地铁接入口，设计有下沉式广场（图 4-3）。

图 4-1 成都万象城叠落花园

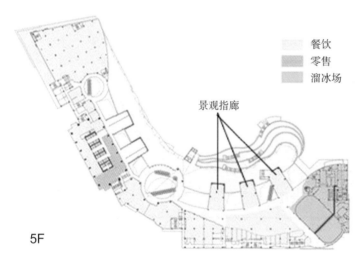

餐饮
零售
溜冰场

景观指廊

5F

图 4-2 成都万象城"景观指廊"

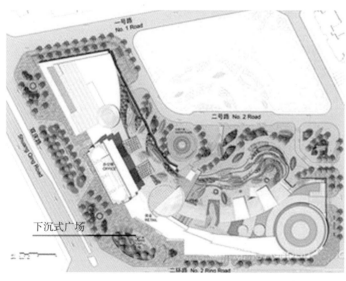

下沉式广场

图 4-3 成都万象城总平面图

规划设计基本信息见表 4-2。

表 4-2 规划设计基本信息

外部交通	区位	成华区新 CBD 中心	商业动线特征	一字形
	公交线路	30 多条	出入口数量	6 个
	地铁交通	2 号线相距 1km 4 号线出入口紧邻	中庭数量	3 个
	其他	近二环高架路	电梯数量	87 部（含自动扶梯、垂直梯）

（2）业态特色　成都万象城开业时保留了万象城的基本主力店组合：百货（尚泰百货）、超市（Ole'）、冰场（缤纷万象冰场）、影院（百老汇影城）等。

各楼层主力店布局见表 4-3。

表 4-3 各楼层主力店布局

楼层	主力店
L6	博物馆
L5	玩具反斗城（2000m²）、缤纷万象真冰场（2000m²）
L4	百老汇电影城（4000m²）、尚泰百货
L3	
L2	NOVO 潮流新概念店（3000m²）、尚泰百货
L1	
B1	Ole' 精品超市（2000m²）、尚泰百货

项目零售业态占 61%，其中服饰占 32%、百货占 21%、超市占 8%，餐饮业态占 20%、休闲娱乐业态占 7%，其他占 12%。

从 2015 年起，成都万象城在原有业态基础上为适应商业发展的变化，进行了大幅度的品牌调整。如 2015 年尚泰百货退出了万象城，2016 年引入了全球第五家维密全品类店、Superdry 成都首店，成都首家进入购物中心的迪卡侬，成都第二家 c0S 店等话题性店铺，餐饮上有桃源眷村成都首店，休闲业态上有四川省人民剧院合作创立的黑螺戏剧工作室，首次将剧院以院线形式植入购物中心。在关闭了 NOVO 和尚泰之后，万象城加强了快消品和餐饮的比重。从定位来看，成都万象城向高品质多元化生活空间转型。

（3）商业效益　华润万象城在刚开业之初，人气极高，口碑也极佳。但在 2015~2016 年，商业出租率出现了下降，且租金收入也出现了下滑（见表 4-4）。究其原因，某种程度上是成都万象城业态局部调整，以及成都商业市场变化与竞争加剧的结果。在品牌调整之后，2017 年第一季度销售业绩和客流均双双暴涨了 60%。

表 4-4　2013~2016 年成都万象城租金收入情况

年份	租金收入 / 亿港币
2013	1.85
2014	2.58
2015	2.84
2016（上半年）	1.08

（4）设计研究

1）定位与客群的矛盾。成都万象城曾在开业 3 年之后出现了出租率和租金收益下降，其在华润各地万象城项目中估值也不高，甚至《2015 年度报告》显示，其估值在 5 座成熟的万象城 ⊖ 中处于末位。但在业界看来，成都万象城无论在体量大小还是硬件上都不算差。究其原因，很大程度上在于成都万象城的定位与实际客群之间的差异。成都万象城定位于"城市级综合体"，却又受限于区域消费力的限制。由于紧贴二环高架，该项目易引起周遭交通拥堵，限制了其向城市更大范围的辐射力，使得其只能依靠周边的消费群体来拉动消费。

2）外部商业竞争加剧。偏居城东的成都万象城面临另外两座城市级商业中心——太古里和 IFS 竞争的压力。IFS 和太古里属于较有特色，且在能级上可以与成都万象城相互竞争的商业项目，再加上其成熟的运营和管理，使得这两大项目的开业对于万象城的客流直接产生了较大的分流作用。如万象城在 2012 年12 月引入了 Apple store 直营店，这是西南地区首家 Apple store 直营店，这极大地提升了万象城的人气。然而 3 年后，成都第二家 Apple store 直营店在远洋太古里店开业，在一定程度上又分流了部分人气和销售业绩。

3）项目规模扩展。在上述竞争局面下，成都万象城有突破的手段——二期的扩展（图 4-4），二期在一期的基础上扩展了更多功能与配套设施，包括住宅，总建筑面积约有 30 万 m²，其中地下建筑面积约有 12 万 m²。在二期投入运营之后，万象城的规模和能级将进一步放大，这对于提升项目的商业竞争力将有更大的推动作用。

4）招商品牌调整。为了应对激烈的商业竞争，万象城在招商业态上也进行了调整，走上了业态创新之路。成都万象城去除了尚泰百货、NOVO，引入了

　⊖　深圳、杭州、沈阳、成都与南宁万象城。

图 4-4　成都万象城二期扩展

（左图：二期鸟瞰图；右上图：二期商业平面图；右下图：二期用地分布图）

更多的体验和互动业态，强化了业态的特色。可见，业态调整往往是已建成项目应对商业竞争压力的重要手段之一。

2. 浦东嘉里城

浦东嘉里城是一座集商业、五星级酒店、服务式公寓和甲级写字楼于一体的商业综合体。2011 年 10 月正式开业，其中包括一座 4.5 万 m² 的购物中心。浦东嘉里城的购物中心是非常典型的全家庭型购物中心，也属于中高端的社区级购物中心（见表 4-5）。

表 4-5　项目档案

开发商	嘉里建设	总建筑面积	33 万 m²
商业面积	4.5 万 m²（营业面积 3.4 万 m²）	开业时间	2011.10.29
投资金额	39 亿元	停车位	1200 个
项目定位	一站式体验的家庭型购物中心		
主力店	Ole'精品超市、The Cook- 厨、GAP、H&M、俏江南、小南国等		
项目地址	上海市浦东新区花木路 1378 号		

（1）规划设计　浦东嘉里城的商业裙房在地下一层连接了地铁站，从 B1 层到地上二层共设有 100 多个商家品牌，裙楼上方设有酒店、办公及服务式公寓塔楼，塔楼的落客点均在外围，商场南广场还连接了上海新国际博览中心 1 号入口大厅。为了解决商业进深过大问题，商业裙房没有设计满铺，而是围合形成

内庭院，各个商业楼层与内庭院相互可视，且庭院首层可设置外摆及展位，并可开展各类活动。这个中央庭院已成为嘉里城购物中心的一大特色（图4-5）。

地下一层形成8字形动线，并连同地铁（1个出入口）、车库（两个出入口）及展览馆（1个出入口），一层连通庭院及展览馆，二层则连接办公、酒店和展览馆，且形成了环形动线（图4-6）。

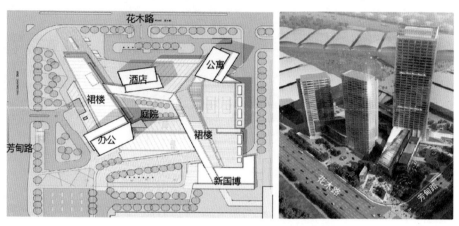

图4-5 浦东嘉里城购物中心总平面图及鸟瞰图

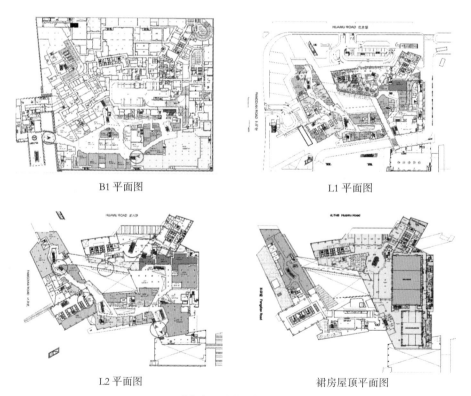

B1平面图　　　　　　　　　　　　　L1平面图

L2平面图　　　　　　　　　　　　　裙房屋顶平面图

图4-6 浦东嘉里城购物中心各层平面图

92

规划设计基本信息见表4-6。

表 4-6　规划设计基本信息

外部交通	区位	浦东花木高端国际社区	商业动线特征	8字形（B1层）、L形（一层）、环形（二层）
	公交线路	6条以上	出入口数量	（外部）3个、（内庭院）3个
	地铁交通	7号线直通，15min可步行至2号线	中庭数量	4个
	其他	近磁悬浮、高架内环	电梯数量	约26个（含自动扶梯、垂直客梯）

嘉里城购物中心的动线采用了内外部相辅相成，实现了客流导入最大化，且在尽端和边角处设置了主力店，符合商业布局的原则。

（2）业态特色　项目从业态设置来说，强调一站式。零售占比最高，约42.5%，其中主力店占比为12.5%，儿童零售、生活品位及时装各占10%左右。其次，餐饮约占30%，以咖啡休闲为主。此外，娱乐休闲占比也较高，约占20%，包含有儿童游乐区及健身房等设施。这种业态组合与浦东嘉里城定位于周边境外人士及中高收入人群完全一致，同时打造的高端、有品质及舒适休闲的购物环境也相当符合这一定位。

各楼层主力店布局见表4-7。

表 4-7　各楼层主力店布局

楼层	主力店
L2	H&M、俏江南、小南国
L1	GAP、H&M、The Cook·厨
B1	Ole'精品超市

（3）商业效益　浦东嘉里城的商业坪效在上海购物中心坪效排名中居前，这表明该商业项目的商业绩效还是非常高的。这种高坪效的结果与该购物中心的精细化定位、招商设计及运营管理是分不开的。

（4）设计研究

1）准确定位。浦东嘉里城的商业定位与其选址、功能设置相呼应。首先，它位于浦东几个著名的规模化国际社区——花木、联洋、碧云、金桥，周边有大量常住的高端收入人群。其次，嘉里城与上海新国际博览中心直接相连，其办公、高端酒店配置恰好承接了各大展会的商务需求，同时办公人群、酒店住客也成为购物中心的直接服务客群之一。

2）精细设计。浦东嘉里城的商业规模并不大，但其规划设计比较稳健、精细。首先，从层数设计来看，嘉里城并没有做高层商业，加上地下一层，总共仅设计了3层，但每层商业面积尽可能地做到最大化，尤其是地下一层做得最充分，充分利用了地铁、车库等人流导入，一、二层也分别有各个方向的人流导入，使得每层商业的价值都获得了最大的提升。其次，从室内设计来看，选材铺装方面注重自然、环保、亲切，整体上呈现出细腻感和高档层次，这样的设计也与商场内的品牌层级相适应（图4-7）。第三，嘉里城的室外景观设计也颇有特色。由建筑围合成一个以硬质铺装为主的商业广场，良好的尺度及较为丰富的立面设计为日常的商业活动提供了较佳的背景，尤其是在广场与室内相结合的边缘形成了二层挑檐，为室外休闲咖啡座位的设置创造了条件，使得广场商业氛围更具有活力（图4-8）。

图4-7 浦东嘉里城购物中心室内

图4-8 浦东嘉里城购物中心的檐廊外摆空间

3）精选品牌。浦东嘉里城没有设置大型主力店，而是以次主力店为主，并代表了超市、餐饮、零售、生活等多个细分品类，如高端精品超市华润 Ole'超市、俏江南、GAP、H&M 等。在此基础上，跟随商业市场变化而不断调整和引入新的品牌，如撤出特斯拉体验中心、西西弗书店、MUJI 主力店，引进北欧设计风格的家具品牌 HAY 等，这反映出商场对市场的品牌周期的敏感性和快速反应。许多品牌在市面上开店数量不多，这些品牌在拓展上精挑细选，但会选择嘉里城，正好反映出嘉里城在定位上的精准之处。

4.2 文艺型商业中心

4.2.1 特点

随着国内购物中心的快速发展和激烈竞争，追求创新模式已成为许多购物中心开发商考虑的重要问题。文艺型购物中心即为其中的一种探索。把文化和艺术融入商业，已在 K11 芳草地、大悦城等购物中心中率先尝试。

所谓文艺型购物中心，就是以文化、艺术为主题的购物中心，一般会以若干个文化艺术设施空间为主力店，如艺术馆、博物馆、艺术家工作坊、展览馆、书城、图书馆、文艺街区等。

美国艺术家沃霍尔曾以流行文化作为创作主题，在商业设计上融入波普艺术，打破此前商业与艺术的对立关系，使艺术商业延续至今。他说："艺术商业是商业的下一阶段。"

文化艺术主题购物中心相比传统购物中心的价值在于以下几个方面：

（1）提升购物中心档次　随着国内部分一、二线城市消费水平的提高，消费需求也不断升级，追求个性化和品质生活成为一部分中高端消费者的需求，文艺元素的注入可使购物中心更具品质感，从而有效吸引这部分人群。

（2）不断创造新鲜感　文艺型购物中心常常通过不断更新的艺术展示活动、展品来创造变化的环境，从而增强消费者的艺术体验。

4.2.2 分类

在文艺型购物中心中，商业与文化、艺术元素的结合方式，可以分为以下几种类型。一般来说，大多数文艺型购物中心是融合多种类型的。

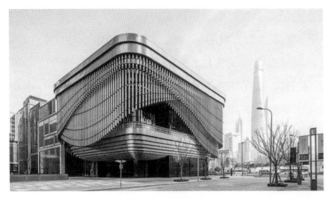

图 4-9　上海复星艺术中心

图 4-10　成都 IFS 购物中心"熊猫爬墙"

（1）具有艺术气质和理念的建筑环境　如上海复星艺术中心的设计就是从中国传统服饰中"新娘盖头"的流苏装饰获得灵感，从中国传统山水画中提取意境，来构成外表皮设计，由此形成幕帘般外立面，有三层，可旋转移动，富有动感（图 4-9）。

（2）文艺类业态　艺术类业态品牌目前仍较少，主要为艺术品零售、手作等形式。该类业态还有待挖掘和培养。一些购物中心会引入以文化艺术为特色的主力店，来为购物中心增加"文艺范"和体验性。如太古汇引入"方所"，正佳广场引入"HI百货"，天津大悦城的"骑鹅公社"等文艺街区。

（3）文艺设施　文艺设施主要是指美术馆、剧院、展览馆等文化艺术设施。如万达武汉中央文化区"楚河汉街"引入杜莎夫人蜡像馆，上海月星环球港设有演艺剧院、艺术展览和文化培训功能区等。

（4）文化艺术 IP　成都 IFS 国际金融中心就是用了一个吸引眼球的"熊猫爬墙"IP。从下面看完屁股，人们都会想去楼顶看看脑袋——位于商场七楼的一个 400~500m² 的空中花园（图 4-10）。

（5）文化艺术展览等活动　上海 K11 最令人印象深刻的就是它的艺术氛围。K11 会不定期举办各种艺术展。如 2014 年，莫奈的第一次中国画展在这里举办。北京来福士购物中心、上海大悦城等购物中心也都通过与策展人合作的形式开设各种艺术展览。

4.2.3　案例

1. 上海 K11

上海 K11 的前身是上海淮海路商圈中的新世界百货，2012 年翻新改造后变为上海 K11 购物艺术中心。K11 以"当代艺术"为主题,以 25 至 50 岁的"三有"人士(即有较高收入、有追求、有文化)为目标客群。常年举办艺术展览等体验式项目。K11 的"文艺范"体现了上文提到的多种文艺元素,如富有生态和时尚概念的建筑外观、3000m² 的艺术空间、多个品牌概念店以及极具人气的"爆炸性"艺术展览等(见表 4-8)。

表 4-8　项目档案

开发商	香港新世界		总建筑面积	13.7 万 m²
商业面积	3.8 万 m²		开业时间	2013.6.28
租金	90 元/(m²·天)~100 元/(m²·天)(2015 年)		停车位	270 个
项目定位	以中高端人士为主要客群,"艺术、人文、自然"主题式购物中心			
主力店	DOLLE & GABBANA、Burberry、Maxmara、 P-Plus 名品集合店、港丽餐厅			
项目地址	上海卢湾区淮海中路 300 号			

(1)规划设计　上海 K11 尽管地理位置优越,但物业硬件条件并不太好。首先,该项目的商业规模小、层数高(地上 4 层、地下 3 层),且每层面积狭小。其次,每层竖向层高不足,空间略显压抑(图 4-11)。但在规划设计上动了些脑筋,来尽量弥补这些不足。

1)开敞式商铺。K11 里几乎所有的商业都是敞开式的,没有实体墙或玻璃区隔,使得商业空间高度融合。

2)高层停车场。除地下二层接地铁出入口为 K11 引入了不少客流外,K11 还把商场高层区商业价值相对较低的楼层作为停车场,以满足该商业的停车配套要求。

3)"探索"式动线。艺术已成为 K11 的"DNA",艺术展示并不局限在 B3 层,艺术品与艺术元素渗透到了每一层,且这些艺术品都定期更换,给顾客提供一条"探索"式的体验路线(见表 4-9)。

表 4-9　规划设计基本信息表

	区位	上海市中心近新天地	商业动线特征	U 字形
外部交通	公交线路	近 20 条公交	出入口数量	3 个
	地铁交通	1 号线上盖	中庭数量	外中庭 1 个
	其他	近延安高架	电梯数量	约 21 个(含自动扶梯、垂直客梯)

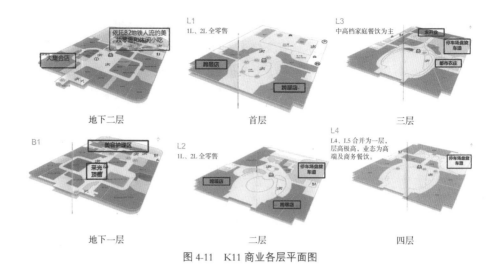

地下二层	首层	三层
地下一层	二层	四层

图 4-11　K11 商业各层平面图

（2）业态特色　各楼层主力店布局见表 4-10。

表 4-10　各楼层主力店布局

楼层	主力店
L4	HOME THAI Restaurant、SuperStar Seafood Restaurant
L3	港丽餐厅、合点寿司、五厨、青籁养身
L2	DOLCE & GABBANA、Burberry、MaxMara
L1	
B1	GreenLand（阁林书店）、COLLINELLE（可奇奈尔）
B2	新鲜食·集（Zona Fresca）、LOL 乐欧乐
B3	Chi K11 艺术空间

K11 业态配比以零售、餐饮为主力业态，零售约占 38%，餐饮约占 40%，休闲服务约占 12%，展示约占 10%。引进的近 80 家品牌中，近 20% 的零售和餐饮品牌是首次进驻上海。

上海 K11 的一大特色体验业态是"都市农庄"（图 4-12），包括富有创意地将部分屋顶车库改造成"都市农庄"。除此之外，还有倡导生活方式的自营品牌 K11 Design Store 等。

K11 艺术体验型业态中有大量的设计师品牌，零售店也被零售体验店所代替，如 CASIO 自拍神器体验专柜，SuperLady 打造的高科技试衣间等。另外，K11 还为众多国际一线品牌构建了独一无二的概念店，将商业与艺术氛围结合。比如，Bubbery 沿袭了伦敦摄政街上的旗舰店风格，并为 K11 提供特定

图 4-12　K11 都市农庄

款；Maxmara 有一家自设的当代艺术博物馆，两者长期举办艺术家交流活动，Maxmara 也专门为 K11 设计了定制系列。

（3）商业效益　艺术的融入是否能带来商业业绩的提升？2014 年，K11 引入印象派大师莫奈画展，该画展也是莫奈作品首次在中国展出。据统计，在展览期间，K11 的日营业额提升了约 20%，同时商业租金也增长了约 70%。

当然，举办这些艺术展活动，K11 运营团队也做了很多"功课"，如在对外合作上建立自己的艺术基金会，其艺术家资源库为购物中心的艺术展示提供了储备，基金会与巴黎的东京宫签订了合作计划，包括多项艺术交流活动。

（4）设计研究

1）艺术与商业的融合。把艺术主题与商业相结合，最怕的就是"看上去很美"，却无法刺激消费者的冲动购物，易沦为"展览馆"。这其中的原因往往是艺术形式的选择过于单一，如停留在画廊卖画、艺术品展示等方面，艺术实用价值的挖掘不够，缺乏对潮流艺术和衍伸艺术的捕捉和把握，使得艺术主题的"变现"能力差。从 K11 对艺术理念的挖掘来看，其侧重于从产品、服务、社群等方面入手，使艺术品类能与更多的商业业态相对应。如从产品角度，把设计师、名人 IP 植入服饰、家居、潮品等产品设计，强调个性化；从服务角度，把新锐艺术家的作品理念引入更灵活的餐饮、娱乐活动等业态；从社群角度，通过定期的展览、活动等"圈粉"，从而建立一个忠实的消费群体。

2）精细化运作。K11 将艺术、人文与商业融合，追求的是细节，力求把体验渗透到商场的各个角落，这与许多商场以艺术为名，但并未把体验做足有很大的区别（图 4-13）。有人说 K11 采用了"五感营销"，这不无道理。从视觉上来说，K11 的外立面设计就颇有特色，33m 的水幕瀑布墙、艺术蝴蝶"标本"，地下商业异形玻璃顶棚等都别具一格，成为顾客拍照的必选景点；除了视觉，

图 4-13　K11 的艺术元素

在听觉体验上，商场内音乐舒缓悦耳，人工水景、瀑布、逼真的水流声和鸟鸣声让人仿佛回到了大自然；味觉则尤为丰富，来自中国、日本、泰国、意大利、美国、西班牙等 20 多家餐馆齐聚 K11，让人尽情领略异国风味。最为特殊的莫过于嗅觉体验。走进 K11 商场，特别的香氛、香味便扑面而来，就连卫生间里也放置了新鲜的玫瑰花。除了"五感营销"，甚至连一般商场忽略的空铺围挡设计也动了不少脑筋，让其充满文艺气息，基本上都是一些画作配以小清新的文字，吸引了"文艺青年们"的目光。

K11 的休息区设计也为其拉拢了不少人气，一般商场在休息区设计上不太重视，甚至是忽略，但 K11 恰恰相反，商场中休息区分布较多，有效延长了消费者的停留时间（图 4-14）。如在 B1 层设有专门的休息阅读区，扶梯前的弧形台阶式休息区的边上还有专门的纸质报刊，吧台式的桌椅休息区则提供了充电插头，这样的设计布局深受文艺青年的喜爱。值得一提的是，商场中的休息区分为很多种，有懒人沙发、木质长凳子、小板凳等。这些设计看来微不足道，但有效提升了消费者的体验感。

2. 北京侨福芳草地购物中心

北京侨福芳草地购物中心是融合了办公、酒店等多种功能的商业综合体，前后花费了近 12 年的时间才打造而成，也是一座"慢工出细活"的精品建筑。高达 90m 的环保罩将 4 栋单体建筑组合为一个整体，营造出独特的"城市感"。商业延续到地下二层，形成了融合城市街道和广场的综合场所。芳草地购物中心把艺术主题融入了各个角落，约 500 多件艺术品被错落有致地安放在购物中心的各个角落，让购物者在闲暇之余可感受艺术的魅力（见表 4-11）。

图 4-14 K11 的室内休息区设计

表 4-11 项目档案

开发商	侨福集团	总建筑面积	20 万 m²
商业面积	4.65 万 m²	开业时间	2012.9
投资金额	约 30 亿元	停车位	1000 个
项目定位	以城市中产阶层为目标消费群的艺术主题商业综合体		
主力店	超市、影院、艺术空间		
项目地址	北京市朝阳区东大桥路		

（1）规划设计 购物中心主入口面向东大桥路，以富有特色的吊桥作为辅助入口（图 4-15），内部采用了单一动线，商铺都围绕在中庭周边，店铺进深不大，但店面较为开阔（见表 4-12）。

1）城市性空间。北京芳草地购物中心整体上将"城市广场"和"街道"的感觉引入了室内，商业从地上二层一直延伸到地下二层，内部除了斜向的一座吊桥外，基本围绕中央广场形成单一动线，使商铺均设置在曲折的环形走廊周边。

二层挑出的露台和一些商亭，打破了连续的走廊界面，使人流在行走时能从各个角度体验中庭空间，增加了趣味性（图4-16）。

2）特色元素。芳草地项目创造性地在中庭内设置了一座长达236m的步行桥，该步行桥在功能上加强了商场内部连通性，在空间利用上又为内部商户提供了一个商品概念展示的场所。这座桥梁仿佛整个空间的"点睛"之笔，吸引了所有来访者的注意力。

表4-12　规划设计基本信息表

外部交通	区位	北京朝阳区东大桥路进CBD核心地带	商业动线特征	环形（8字形）
	公交线路	6条公交	出入口数量	6个
	地铁交通	无	中庭数量	1个
	其他	—	电梯数量	约20部自动扶梯

（2）业态特色　芳草地的业态品牌组合基本是：奢侈品占20%，流行时尚品牌占35%，生活方式品牌占7%，餐饮类品牌占28%，电影院和超市品牌占10%。其中重点突出了三个方面：

图4-15　北京侨福芳草地购物中心室内步行桥

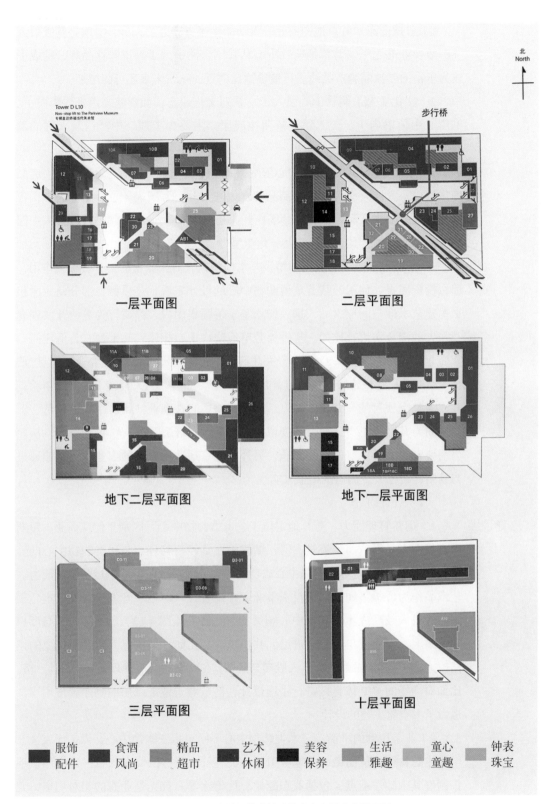

北
North

Tower D L10
Non-stop lift to The Parkview Museum
专梯直达侨福当代美术馆

步行桥

一层平面图

二层平面图

地下二层平面图

地下一层平面图

三层平面图

十层平面图

服饰配件　食酒风尚　精品超市　艺术休闲　美容保养　生活雅趣　童心童趣　钟表珠宝

图 4-16　北京侨福芳草地购物中心各层商业平面图

1）餐饮业态。芳草地的商业一大功能是服务于办公人群，餐饮是其吸引人气的重要业态之一。芳草地购物中心从我国台湾引入了一批餐饮品牌，构成了较为丰富的餐饮品牌产品线。目前餐饮比例近30%，未来还可能增加。

2）文化业态。购物中心引入了一系列文化业态，如影院（卢米埃影院）、书店（中信书店）、美术馆、特斯拉展厅，主要为了迎合中产白领人群的消费偏好。

3）主力零售品牌。购物中心依然把零售作为重点关注业态之一。主力店品牌集群以八大国际著名的奢侈品品牌，如香奈儿、万国表、登喜路等为主，再加上部分高端小众品牌。整个商场在开业初期就有50%的品牌是首次引入中国的，在业态品牌上具有极强的差异化竞争力。

（3）商业效益　在商场中增设艺术博物馆，对人流量的提升有很大作用，那么投资回报如何呢？从芳草地购物中心的设计来看，是以牺牲部分商业面积来构建艺术性空间层次的，这一切均基于侨福集团以"品质"为上的开发理念及强大的资金实力。比如，与侨福芳草地购物中心相比，几乎没有其他任何一家商业综合体愿意投入2.8亿巨资去建造一座斜穿建筑内部、毫无商业功能且"严重"浪费面积的城市步行桥。但就是这样一座"桥"，大大丰富了人们的体验，并成为整个项目的"文化图腾"。尽管购物中心在商业"得房率"上较低，但其空间为其增值不少，通过适度留白，创造了更舒适和富有特色的空间，从而为消费者提供了更好的购物体验。另外，芳草地购物中心的商业效益还能通过与其结合的办公、酒店的增值来实现。

（4）设计研究

1）运营管理能力。芳草地定位于艺术类购物中心，区别于传统商业，短期内能吸引大量眼球与人流量，但长期靠的还是经营管理。艺术类购物中心的经营难度一般较大。芳草地购物中心成功的一大原因是较好的后期运营管理能力。艺术品作为侨福集团的一项投资事业，并没有计入房地产开发投资的成本，集团另外投入较高成本为购物中心购买优秀的展品（图4-17）。另外，在与商户的关系上，也注重与商户共进退、共担风险。比如，采用保底租金加提成的招商模式，对于重点品牌，甚至入股参与经营。在商场的细节管理上，也别具一格，比如对商场的VIP休息区进行主题设计，甚至对于地下二层的物业管理用房，也做了太空舱主题的设计。

2）业态比例的平衡。艺术类购物中心不同于传统购物中心，以扩大人文艺术为主题特征，从而最大化地吸引某一类客群。但好的商业项目一定会谨慎地控制好其中的平衡点，包括业态配比、性价比等。首先是业态的相对均衡，尤其是业态的复合化是一条基本规律。从芳草地购物中心的业态比例来看，零售

图 4-17　芳草地购物中心融入商业空间的艺术品展示

类占 60% 左右，餐饮类也达到近 30%，除此之外，还有影院、超市、艺术馆等业态。据说还会引入儿童、亲子类业态，可见走的也是复合业态的路线。其次是体验与环境品质的平衡。对于不同的城市级别和不同的消费水平，体验的格调要考虑适度。芳草地购物中心在北京 CBD 附近是可以成立的，但若在一个三线城市，就很难成功。以上两个均衡的最终目的在于投资与收益保持平衡。对于能拉动人气而租金不高的业态须与租金收益高的业态相结合。有人说得好："均衡并不意味着平庸。"商业来源于生活，因此必然为人们的生活需求而服务。服务于需求、注重管理细节，才能成就一个成功的商业项目。

4.3 街区式商业中心

4.3.1 特点

随着消费者对封闭式购物中心的熟悉乃至厌倦，街区这种商业形态开始映入人们的眼帘。街区式商业与传统购物中心在业态组合、运营管理上有诸多相似之处，但也有差异点，简单来说有以下几点：

（1）对气候和环境更为敏感　街区式商业容易受气候、季节等客观条件的约束，因此在一些冬季严寒、夏季酷热期较长的地区不适合采用街区模式。自然因素的不可控性会在一定程度上增加街区式商业的运营成本，如防水、防洪、防滑措施必须齐备，还包括安保人员的配置，否则会产生很多安全隐患。

另外，街区式商业的成功或者依托于先天的文化或景观优势，如成都远洋太古里与大慈寺的建筑风格、文化底蕴相融合，或者依靠自身环境和体验感的打造，如上海长泰国际广场通过引入"散步道"概念，创造了西班牙小镇般的探索型购物空间（图 4-18）。富有特色的环境是一个街区式商业持续成功的必要条件之一。

（2）强化对客流的聚集　街区商业更加强调环境的开放性，也正因为这一点，入口多而分散的街区商业，容易把客流吸引进来，也容易把它流失掉。因此如何把人吸引进来并留住人是一大难点。这就要在业态布局、公共区域设置、活动组织上下功夫，以延长顾客的滞留时间。

（3）更易融入城市环境　区别于封闭式购物中心这一类"盒子"商业，街区式商业更易与城市空间肌理和环境融为一体。因此，在对于城市风景的贡献能力上，街区式商业中心优于大部分购物中心。

图 4-18　上海长泰商业广场

（左图：鸟瞰效果图；右图：内街实景）

4.3.2　分类

从开发模式来说，目前国内常见的街区式商业包括以下几种：

（1）依附于"盒子"购物中心的街区式商业　最典型的就是万达广场背后的"金街"了，这是一类与"盒子"购物中心在业态经营模式上互为补充的街区式商业。一些开发商常常利用销售街区式商业来平衡投资，此类街区式商业规模宜小，2 万 m^2 往往是极限，否则整个项目的品质可能会因此受到影响，因为过大的销售商业面积容易导致后期品牌不可控的风险很大。

（2）旧城改造中的街区式商业　还有一类街区式商业具有特定的文化内核，而这一文化内核常常来自城市原有的传统文化，且这一类商业项目是伴随旧城改造而产生的。例如，成都宽窄巷对于明清古街的再发掘，成都太古里则结合了明清古刹，上海田子坊以上海里弄文化为内核，南京1912项目体现出浓厚的民国风，等等。

（3）独立的主题式商业街区　除了以上两类街区式商业外，还有一类独立的"生活方式购物中心"，如上海的瑞虹天地月亮湾、金桥国际、长泰商业广场，北京三里屯、蓝色港湾等项目。这些项目常常以打造某一特色主题为目标。如上海瑞虹月亮湾，以"生活·音乐·家"为主题，打造了多个特色场景，如潮汐喷泉、音乐阶梯、满月墙、骑行追月，以营造一个兼具参与感和互动性的动感时尚街区。长春时光引擎商业街，则依托长影与一汽数十年历史文化底蕴的积累，将电影、汽车、老长春等历史缩影贯穿于整个商业街区，打造了极富空间感与体验感的室外商业步行街。

（4）生活方式中心　追溯"生活方式"一词的起源，奥地利心理学家阿尔弗雷德·阿德勒可能是最先明确它定义的人。他认为，生活方式是人们根据

图 4-19　城市溪流中心
（上图：鸟瞰实景图；下图：内街实景图）

某一中心目标而安排其生活的模式，并通过活动、兴趣和意见等体现出来。而这个中心目标是人们自身缺乏的、未具有的优势或思想中固有的某种价值观。生活方式中心的兴起与人们越来越追求个体价值认同和新的生活方式有关。它最早起步于美国。美国对于生活方式中心的定义包含以下几个要点：其一，必须是开放式的空间，而不是封闭式的"大盒子"；其二，停车要方便，很多生活型购物中心提供就近的地面停车位；其三，从规模上来说，面积通常在 1.5 万 ~5 万 m²；其四，一般定位于富裕阶层，主要吸引的是 25~49 岁的中高收入人群；其五，从业态来说，相对于一般封闭式购物中心而言，生活方式中心的零售比例会降低，而餐饮、娱乐比例会有所增加。典型案例有美国的 Grove 购物中心、上海华漕时尚生活中心等。

（5）混合式商业街区　新商业街规划和旧商业街更新的一大趋势是为商业增加生活、工作元素。美国很多商业地产开发商都将生活、工作场所与零售紧密结合起来。Callison 设计的 City Creek Center（城市溪流中心）坐落于美国盐湖城，占地面积 35 英亩（约合 141639.98m²），属区域级购物中心，拥有 500 个住宅单元及叠加在商业街上方的办公区（图 4-19）。上海的正大乐城、大宁国际项目也属于"办公 + 商业"的混合街区模式。

4.3.3　案例

1. 成都远洋太古里

成都远洋太古里位于成都市中心，接壤春熙路，比邻千年古刹大慈寺，为低密度的街区式商业。项目设计中里弄和广场空间相互交织，并引入"快里"和"慢里"的概念。其中，"快里"由三条购物街构成，连通东西广场，"慢里"则是大慈寺两旁里弄连同大慈广场一带（见表 4-13）。

表 4-13　项目档案

开发商	太古地产、远洋地产	总建筑面积	25.1 万 m²
商业面积	10.6 万 m²	开业时间	2014 年
投资金额	约 30 亿元	停车位	约 1000 个（零售） 约 610 个（办公）
项目定位	定位高端时尚		
主力店	Palace 百丽宫影院、Ole'超市、方所、MUJI 无印良品世界旗舰店		
项目地址	春熙路商圈的总府路和纱帽路交汇处		

（1）规划设计　成都远洋太古里是一个融合文化遗产（大慈古寺）、创意时尚都市生活的商业综合体。整体规划包括街区式商业、博舍酒店、办公、服务式公寓，并有 6 座保留院落和建筑（图 4-20、图 4-21）。从规划设计来看，该项目具有以下特色：

图 4-20　成都远洋太古里鸟瞰实景图

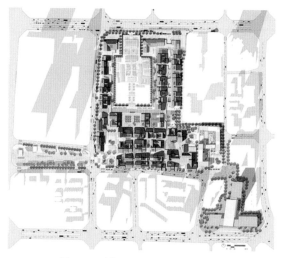

图 4-21 成都远洋太古里屋顶平面图

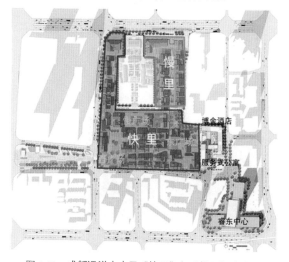

图 4-22 成都远洋太古里"快里"与"慢里"分布图

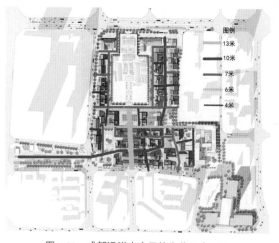

图 4-23 成都远洋太古里的街巷尺度层级

1）空间组织。成都远洋太古里的空间设计是在保留原街道尺度的基础上，创造了多个广场以形成供人停留的节点空间。也正因为是通过保留古老街巷与历史建筑，才使得低密度的开阔空间凸显出其独特的商业价值。2~3 层的建筑高度与 7~13m 宽的街道尺度构成了良好的近似 1：1 的空间比例。同时围绕大慈寺，将购物街打造成"快里"和"慢里"两大主题（图 4-22），既融合现代时尚潮流，又符合成都人休闲生活、热爱美食的特点，可谓是为成都人量身定制的。

从空间尺度来说，远洋太古里还形成了多等级的街道层次，分为 13m 的北糠市街、10m 的街、7m 的里、4m 的巷等（图 4-23）。

2~3 层的独栋式商铺之间，并不像国内一些街区式商业那样各自独立，而是通过连廊连通，大大提升了二层商业空间的价值，甚至二层商业平台也成了一大特色（图 4-24），因为在这个平台上，千年古刹大慈寺的近景、远景一览无余，让人联想到成都远洋太古里的推广口号——"拥抱天空，快耍慢活"。

除了二层，地下一层也是成都远洋太古里非常重要的一个层面，这里连通地铁，且与地面有多处扶梯连接，6~8m 的层高，5~6m 的街道宽度，让人感觉舒适、便捷。地下空间还引入了三个重要的主力店——The Palace 百丽宫影院、方所、Ole'超市，使大量地铁人流被吸引进来。地上和地下的连接强化了空间的凝聚力，使得整个项目形散而神不散。

2）建筑特色。在成都远洋太古里，建筑也是一道独特的风景。从风格角度来看，项目采用"以现代诠释传统"的理念，把成都传统民居的特质融入建筑设计语言中，以川西风格的青瓦坡屋顶与格栅搭配大面积的玻璃幕墙，坡顶的坡度整体控制在23°和27°的斜度。淡雅的深灰色调的屋顶加上深出挑的檐口，大面积的玻璃使得造型轻盈简洁。屋檐下是暖木色，呼应了商业的氛围与格调。建筑的山墙部分也通过格栅的组合，较抽象地回应了四川本地建筑的悬山意象（图4-25）。从鸟瞰角度来看，以灰色为主色调的坡屋顶与大慈寺的红墙，整体色调搭配也较为和谐。

图 4-24　成都远洋太古里二层商业连廊

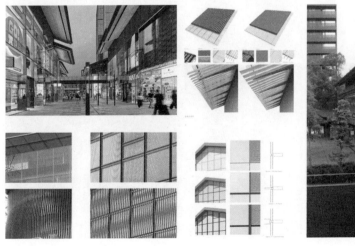

图 4-25　成都远洋太古里建筑特色

3）景观控制。太古里项目的景观设计的最大特点是简洁明晰、详略得当。灰色铺装成为整个街区地面的主基调，使得景观与建筑相得益彰。由于街道宽度不宽，在绿化种植上也基本摈弃了大面积设计，而是在节点、重点之处以若干银杏枝稍加点缀，显得质朴大方。更值得一提的是，街区里的艺术雕塑大大提升了项目的品质，这些雕塑均是出自专业艺术家之手，且与公共空间相契合（图 4-26）。

图 4-26　成都远洋太古里的艺术雕塑

规划设计基本信息见表 4-14。

表 4-14 规划设计基本信息

外部交通	区位	市中心核心商圈	商业动线特征	井字形
	公交线路	周边有 4 个公交站台，19 条公交线路	出入口数量	8 个人行入口、2 个车库入口
	地铁交通	4 条地铁线环绕，其中 2、3 号线春熙路站的出入口距离仅 50m	中庭数量	3 个主广场（慢广场、东广场、西广场）
	其他	—	电梯数量	68 台自动扶梯，54 台垂直梯

（2）业态特色 太古里通过高端品牌确立地位，以中高端、中端品牌合理搭配。在业态布局上也是以奢侈品为引领，结合时尚潮流品牌和餐饮、文化休闲、娱乐等业态。与别的购物中心不同的是，太古里在品牌布局上有很强的市场竞争力和前瞻性。如引入高端品牌旗舰店——GUCCI 亚太旗舰店、Apple 旗舰店、Hermès 业态旗舰店、Chloé 新概念双层旗舰店、MUJI 世界旗舰店、ZARA 三层体验旗舰店等，也有约 50 个首次引入成都的品牌，其中一些一度成为业内话题，如野兽派百丽宫影城、方所书店等。

中国本土设计师品牌也在太古里集聚了不少，如 Christopher Bu 卜柯文、Nisiss 怡夕、Annakiki、ZUZUG 素然等。这些高端或时尚品牌，以旗舰店和品牌文化展示的形象出现，使太古里在店铺装修设计、体验感营造上又有了升级，从而造就了项目整体的独特气质。

值得一提的是太古里引入的几个主力店：

1）方所。位于太古里地下一层的方所书店，层高 8m，建筑面积约 4000m²，方所被创始人定义为全新的一体化文化空间，图书区占其功能面积的一半，另一半被服饰、展览、餐饮、美学商品、植物区、儿童美育空间等占据（图 4-27）。

图 4-27 成都远洋太古里方所书店

2）MUJI无印良品世界旗舰店。该旗舰店约3000m²，占地上、地下共计4层，这是目前为止无印良品在全球开设的最大旗舰店，包括家居、服装、美容用品、旅行用品、文具、儿童用品、咖啡餐厅等（图4-28）。

上述这些主力店均以品牌展示、精致服务为其主导和追求，使得消费者在购物过程中实现全生活方式的消费体验。

（3）商业效益　太古里的业绩在成都激烈的商业市场环境中是非常抢眼的，其近50%的同比销售额增长幅度反映出太古里越来越受顾客青睐。⊖许多购物中心刚开业时非常热闹，但持续运营下去就出现了问题，但太古里在后续运营方面依旧可圈可点，反映在品牌的不断优化升级以及品类的体验升级之上。比如，远洋太古里这两年增加了更多颇有特色的体验类品牌，而服饰零售品牌有所减少。

（4）设计研究

1）成功的规划设计。太古里的成功之处非常值得研究。首先是其建筑与都市环境的有机融合，太古里确实有好的地理位置条件，但好的地段、充足的人流并不能保证商业项目的必然成功。太古里项目通过精细的规划设计、卓越的招商以及持续的运营调整，保证了项目目标的实现。如以规划设计为例，院落、街、里巷、广场、二层连廊、地下商业的设置以及空间尺度的把控都使人们的逛街体验非常良好。从建筑设计角度来说，做到了"求同存异"，即建筑单体整体感强，但单体建筑也不失个性。这种个性通过建筑体量的微妙切割和表皮的变化来实现。比如，有简洁的整片肋式玻璃幕墙设计，也有内衬不同色彩百叶的框式玻璃幕墙、金属穿孔板、金属网、不同肌理的石材表皮等。除了建筑之外，街道家具要素也值得借鉴，如雨篷、街灯、树木、水池、座椅、艺术雕塑、标识等。

图4-28　成都远洋太古里MUJI无印良品世界旗舰店

⊖ 据太古地产公布的2017年第二季度的营运数据，成都远洋太古里租用率已提升至94%，截至6月30日前6个月零售销售额增幅为46.8%。

灯光设计也经过精心考虑，以符合"快里"和"慢里"不同主题分区的节奏，如"快里"的灯光较为亮丽明快，"慢里"的则较为温暖和幽暗。

自动扶梯设置得较为方便，但垂直客梯匹配不足。另外，成都远洋太古里的建筑形态决定了其横向分层的特点。因此，二层营运还是碰到了一些难度。太古里在设置少部分品牌时，采用了双店布局，而这是很多其他项目有意避免的，因为太古里整个项目占地较大，动线距离长，即便是同一个品牌的两家店，从空间距离来看，相隔也并不算近。

2）合理的招商节奏。太古里的招商节奏不同于一般项目，项目在正式开业前有一段长达 6 个月的体验期，在体验期开始之初，项目展现的品牌仅占 50%~60%。即便是 2015 年 4 月正式开业，也不过有 80% 的品牌同步开门迎客。但其之所以在出租率达到 80% 左右时，把招商速度特意放慢，是为了留下 20% 的空间，以便为后期运营调整做准备。这种谨慎的做法使得项目持续提升的空间颇大。

2. 瑞虹天地月亮湾

瑞虹天地位于整个瑞虹新城规划的"1km 生活轴线"[⊖] 的中心地带。从规划图上可以看到，月亮湾位于整个用地区划中的 3# 地块，从 10# 地块太阳宫（计划 2020 年开业）到 3# 地块，再连接 6# 地块的璟庭与星星堂亲子商业，形成了一条完整的商业轴线（图 4-29）。

图 4-29　瑞虹新城用地区划及主要商业项目分布

⊖ 瑞安集团为瑞虹新城规划的位于两个地铁站 10 号线邮电新村站和临平路站之间 1km 左右长度的一段道路。

月亮湾以宜人的街区尺度，打造了一片绿色休闲的商业空间，尽管有近70%的高建筑密度以及10%的绿化率要求，项目依旧创造了富有吸引力的公共空间和丰富的绿化层次（见表4-15）。

表 4-15　项目档案

开发商	香港瑞安集团	总建筑面积 ⊖	55 万 m² （含星星堂、月亮湾、太阳宫商业）
商业面积	6.4 万 m² （仅月亮湾）	开业时间	2016 年 12 月试营业、2017 年 6 月正式开业
投资金额	—	停车位	—
项目定位	中高端社区商业		
主力店	言几又书店、综合性电子竞技体验中心竞界、Modernsky Lab 艺术空间、英皇 UA 电影城、G-super 绿地全球商品直销中心		
项目地址	上海虹口区瑞虹路 188 号		

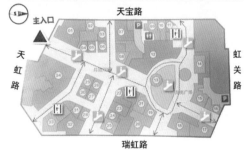

图 4-30　瑞虹月亮湾鸟瞰图、入口透视及首层平面图

（1）规划设计　月亮湾是以音乐娱乐为主题的街区商业，它延续了瑞安最擅长打造的开放式休闲街区形态，以错落有致的"盒子"建筑打造出最具体验性的购物空间。月亮湾的规划设计较有特色，主要有以下几点：

1）简洁的商业动线。月亮湾采用了一条斜向的商业主动线，动线的一端是圆形主广场（图 4-30）。该圆形广场尺度不大，但空间生动有趣。可以举办大型商业活动的主层面位于地下一层，这样可以把商业人流引入不直接连通地铁的地下商业层面，广场中设有连接一层及地下一层的"钢琴"旋转楼梯，成为吸引顾客的一大亮点。另外，该圆形主广场并非令人一览无余的层层环廊，而是被一些圆形店铺形态所打破，有助于增加人们空间探索的乐趣。

2）多层露天平台。月亮湾在街区的不同位置和不同楼面设置了露天平台，使得在未来运营中，每一层都可以举办商业活动，这对于商业楼层数达到地上 4 层的街区式商业来说极为重要（图 4-31）。

⊖ 瑞虹新城含住宅、商业等总开发量约 170 万 m²。

地下一层（LG）　　　二层（L2）　　　三层（L3）　　　四层（L5）

■ 餐饮　　　■ 零售　　　■ 其他

图 4-31　瑞虹月亮湾其余各层平面图（圈出位置为露台）

3）地下一层商业的强化。尽管月亮湾的地下商业并未直接连通地铁，但其地下一层连通了其他各期商业项目，使得商业人流可以不受地面交通的影响，自由出入各个商业项目。对于非地铁上盖但有商业的地下一层商铺来说，其经营价值一般不高，且大多配置快餐店。但月亮湾不同，其地下一层（LG层）零售占比最大，面积占比达到

图 4-32　瑞虹月亮湾直到地下一层的露天中庭

了 40%，主要原因在于，露天中庭直接设在了地下一层，且融汇了绿色植物、声光水电等元素，具有很强的人流聚合作用，提高了地下一层的商业价值（图4-32）。

4）景观与建筑的有机融合。月亮湾采用的是街区式商业的形式。为营造休闲、舒适的氛围，项目采用整体的空间绿化设计，使得开放区域及绿化面积占比达到 40%。植物景观设计会根据春夏秋冬不同季节呈现出多变的缤纷美景。月亮湾的景观设计是其一大特色，这也充分诠释了开放的街区式商业的要义和灵魂。除了植物外，水景也是一大亮点，既有位于月陆花园的喷泉艺术装置，也有从月亮广场二层露台飞流直下的水帘装置。夏天，开放式商业连廊顶下，随着木质吊扇的转动，带来一丝丝雾气，会令人感受到"水润"的清凉之意；冬天，街道家具中有一个结合暖炉设计的灯具，令人倍感温暖（图4-33）。月亮湾的连廊基本上都采用了金属栏杆，外侧设有花池，垂挂下来的攀援植物把相对单调的连廊侧面栏板衬托得丰富多彩（图4-34）。月亮湾顶层有大面积的屋顶平台，可以举办各类户外活动。不同于其他商业街项目，月亮湾将屋顶机房用的红色金属格栅等进行遮挡，不仅在立面上增加了另一层次，而且为屋顶平台层营造了更好的视觉环境。

图 4-33　瑞虹月亮湾夏季、冬季的人性化装置

（左图：户外走廊吊顶下的吊扇；右图：结合暖炉设计的灯具）

图 4-34　瑞虹月亮湾栏杆侧挂的攀援植物

（2）业态特色　瑞虹天地月亮湾的主题定位是"生活·音乐·家"，因此其休闲娱乐业态多是围绕音乐元素而配置的，如引入了国内最大的原创音乐机构——Modernsky Lab 艺术空间，全年可以带来多达 300 多场的现场活动，还有可以独家定制音乐的萨恩音乐 SOUND GREAT，采用了 Apple GarageBand 的全新教学体验，搭载 Live Show 录音棚和全透明开放式的现场舞台设计，也大大提升了月亮湾的音乐艺术氛围。

瑞虹天地月亮湾以中高端社区客群为服务对象，在业态布局上以餐饮和零售为主，占比超过 70%，且餐饮业态比重超过了零售业态。据相关研究统计，若按商铺数量计算，餐饮占比为 46%、零售占比为 37%、休闲娱乐占比为 10%、服务配套占比为 7%；若按商铺面积计算，餐饮占比为 40%、零售占比为 32%、休闲娱乐占比为 24%、服务配套占比为 4%。

规划设计基本信息见表 4-16。

表 4-16　规划设计基本信息

外部通道	区　位	城市中心中高端大型居住社区	商业动线特征	一字形动线
	公交线路	周围 500m 内有 10 个公交站点，8 条线路	出入口数量	7 个人行出入口、2 个车库入口
	地铁交通	4 号线临平路站和 10 号线邮电新村站之间	广场数量	4 个
	其　他	—	电梯数量	54 部自动扶梯、9 部垂直客梯

从楼层分布来看，零售业态基本分布在地下一层到地上二层，包括运动健身、摩登天空音乐艺术空间、电影院等在内的休闲娱乐业态分布在地上二层至四层（L5），包括美容 SPA、花店等服务配套分别位于地下一层及地上三层。餐饮则分布于各个楼层，其中地下一层餐饮以快餐和轻餐为主。业态的精准定位和合理布局反映出瑞安集团对于该类商业项目所具有的良好的控制和操盘能力。

（3）商业效益　2016 年 12 月，瑞虹天地月亮湾试营业时，商业出租率为 61%，目前已达到 85% 以上，租金增速为 33%，未来仍有一定的提升空间。尽管月亮湾最初被定位于社区商业，但其主题定位及业态特色使其超越了本地服务范围，而发展为区域级商业中心。

（4）设计研究

1）多楼层街区式商业规划。月亮湾作为开放的街区式商业，地上层数达到 4 层。对于这类街区式商业来说，三层及以上的商铺经营一般会有难度。对于这个难题，月亮湾在业态选择和规划设计上比较好地弥补了这一"先天不足"。在业态上，三、四层商业几乎无零售业态而以娱乐体验、服务配套及餐饮为主，尤其是四层由餐饮搭配电影院、游戏馆等，以吸引消费客群向高层导入。另外，从规划设计上来说，几乎每一楼层都有放大的露台可以举办各类小型的户外演出，这使得高层区商业也似乎具有了低层区商业的价值。

2）景观设计提升商业价值。月亮湾注重景观设计上的投入，夏季和冬季的设计效果都有所考虑，如夏季用风扇和喷雾来为游客降温都是非常精心的细节设计。除了静态的景观种植，还有不少别有情趣的互动装置。如与人互动的"萤烛花园"，拨动琴弦可以发出音乐并使灯光变化的"光音琴弦"，转动球即可以组合拼出任意字母和图案的"告白墙"，可由感应控制发光的"月球雕塑"，用脚踩产生的动力发光的脚踏车，随人上下跑动而弹奏出音乐的钢琴旋转楼梯，等（图 4-35）。

图 4-35　瑞虹月亮湾多种多样的公共艺术装置

这些富有特色的景观和艺术装置设计吸引了大量的人流，从而为项目带来了更高的商业价值。

4.4　地铁上盖购物中心

4.4.1　特点

根据《2014—2020 年中国城市轨道交通行业发展模式与未来前景分析报告》统计数据显示，到 2020 年末，中国累计有 50 个城市建成和投运城轨线路，运营里程将达 7000km。

从国内购物中心发展来看，目前运营得不错的商业项目绝大多数都与地铁直接相互连接，因此地铁站点往往成为商业项目争相选址之地。地铁接驳带来的交通便利性、巨大的客流和商业流，使得商业项目的价值大大提升。以东京为例，100个日营业额在10亿日元以上规模的综合性商业中心中有95个和地铁发生联系，像我国香港这样的商业城市60%以上的购物中心属于地铁上盖商业。

地铁站台相当于商业中心的最大"主力店"和吸客磁石，在商业中心规划时，如何充分利用好这个"主力店"，成为商业规划的重要内容。有研究发现，在一个城市地铁发展的初期阶段，如国内部分三、四线城市，乘客主要以年轻的时尚阶层和小资阶层为主，而非富豪阶层；但随着一个城市地铁网络的完善，人们的出行习惯也逐步改变，地铁商业的消费客层才会逐渐呈现出全龄化特点，尤其像一些人口密度高的一线城市，如香港、上海，地面交通越来越拥堵，停车费用高昂，地铁站往往成为大型商业项目的标配（图4-36）。香港轨交站附近的大中型商场都非常重视与轨交站点的衔接，往往不惜代价地要求连通，即便100m的地下通道都要耗资上千万，平均每延长1m花费10万余元，个别较长的通道绵延数百米，甚至接近1km。例如，香港铜锣湾的时代广场的地铁通道就距离地铁站台非常遥远，但每天依然客源不断，而内地许多毗邻地铁站点的项目却不够重视与轨交站的连接，如上海金桥国际广场、北京丰联广场等项目就没有设法或陷于地形条件无法直接连通轨交站，这样算来，内地虽然临近地铁站点的购物中心数量不少，但可真正称为地铁上盖商业物业的项目比例却远低于香港。当然，政府与地铁公司是否给予大力支持也是十分关键的。

图4-36　上海iapm环贸广场（商场地下二层与1、10号线地铁连接）

地铁上盖购物中心相对于其他类型购物中心在楼层数量设置、业态布局、空间布局、停车配置、结构布置(与地铁轨道区间垂直叠加的商场)上会有所不同。如在楼层设置上，地铁上盖购物中心往往会把商业做到地下二层，甚至地下三层（根据地铁站台的深度），从业态布局来说，与地铁连接更近的地下层商业与地上商业应形成互补和差异，如以中高档休闲餐饮、轻食和快时尚、生活杂货、家居用品为主，案例有上海来福士广场地下、上海美罗城地下、深圳金光华广场地下等。这种业态符合地铁到达层人流商业消费特性，讲求方便、快捷，并带有随机性。很多地铁上盖商业中心的项目也会引入精品超市，与中高档餐饮相搭配，如上海久光百货、上海港汇广场、深圳益田假日广场、深圳万象城、北京西环广场嘉茂等，这类带有地下商业的购物中心自身定位也比较高端。有些规模较大的区域级购物中心会在地下引入大卖场、家电城、运动城、电影院等多家主力店，如上海龙之梦、深圳中心城、深圳 Coco Park、北京中关村广场等。部分尚在商业培育期的偏远位置的商场会引入折扣店业态，如上海南站百利时尚中心和香港东荟城等。从错位经营角度来看，部分高端购物中心会在地下一层设置国际二线品牌，以与地上一层的国际一线品牌形成差异化，如上海国金 IFC、北京国贸商城等少数高档商场。现在还有越来越多的地铁上盖商业项目在地下引入了休闲娱乐业态，如 KTV、电玩、真冰场、多厅影院等，如上海星游城、香港西九龙中心等。但不管布局哪类业态，地下与地上商业在客群定位、差异化布局方面必须在前期统筹考虑。

相对于普通购物中心，地铁上盖购物中心的停车配比应考虑充分利用公共交通来合理规划停车位数量。基于 TOD（公共交通优先发展）的理念，在商业核心区即城市核心商圈有地铁交通接驳的项目，可以设置车位调控为原停车配置数的 80%。但在城市外围轨道交通首末站等枢纽节点处，可以结合设置一些 P+R 停车位，从而扩大停车配比供应，车位调控可为原停车配置数的 110%（见表 4-17）。

表 4-17　交通战略规划之分区表

交通分区类别	路网密度 /（km/km²）	常规公交线路密度 /（km/km²）	300m 半径公交站点覆盖率	停车调控政策	货运管制
公交优先发展区	9~14	4~6	90%~100%	商业核心区：限制供应、调控系数 0.8；城市轨道交通首末站等外围客运枢纽扩大供应，调控系数取 1.1；其他区域限制供应调控系数取 0.9	禁行
公共交通与小汽车平衡发展区	5~10	1~3	40%~70%	平衡供应	持证通行、按组织线路通行

注：参照《昆山市城市总体规划及中心城区核心区控制性详细规划》中的昆山交通分区表整理归纳而成。[美] 卡尔索普等著. TOD 在中国——面向低碳城市的土地使用与交通规划设计指南 [M]. 北京：中国建筑工业出版社，2014：170.

4.4.2　分类

与地铁直接关联的商业项目主要包括两大类，一类是站内商业（图 4-37），也就是所谓的地铁商城、地铁商业街等，另一类是车站连通商业，地铁上盖购物中心属于此类车站连通商业。根据地铁上盖购物中心与地铁轨道区间位置的关系，可以分为侧盖和上盖两种。这两种购物中心与地铁的连接方式可以使得地铁站厅层与购物中心的地下商业直接或通过很短的一段过渡路径连通，也称为"无缝连接型"。当然，除了无缝连接型，也有通过一段地下人行通道（或商业街）连接商业项目的方式，称为"间接通达型"，间接通达型商业在国内的发展也越来越多，但其地铁与商业的关系相对比较简单，在此不再赘述。

无缝连接型项目的案例有很多，如上海中山公园龙之梦购物中心、上海日月光广场、上海来福士广场、广州天河城、广州太古汇等。其中地铁轨道区间与购物中心侧面衔接即"侧建"的例子占的比重较多（图4-38），因为大多数地铁或轻轨线路和站点在规划时会尽量在道路上、下方不占用私属用地红线范围内的领地。这类项目还可以进一步细分，根据建设时序，可以分为地铁线路和站点先于购物中心建设，或者后于购物中心建设，也可能同时建设。前面两类都要求有较宽的施工安全距离。除了侧建的方式，地铁区间上盖购物中心的项目也有，但相对较少，一般位于土地价值高、建设密度大的城市

图 4-37　日本京都车站站内商业

图 4-38　"无缝连接"——香港新翠花园与柴湾地铁终点站

核心区域。此类项目对上盖物业的结构要求、消防与人防要求、地铁减振降噪方面的要求会较高，建设成本也较大。此类项目有上海控江路旭辉广场、上海TODTOWN 天荟等，香港九龙站上盖圆方等。还有轨交基地上盖的商业项目，如上海的吴中路万象城。不过，在这方面最为成功的是香港，在全部 9 个地铁基地中，有 7 处成功地实施了综合开发，如九龙湾德福花园、将军澳日出康城等项目。上海 10 亿营业额商场与地铁站距离关联度如图 4-39 所示。

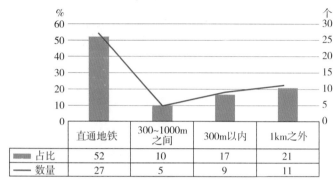

	直通地铁	300~1000m 之间	300m 以内	1km 之外
占比	52	10	17	21
数量	27	5	9	11

图 4-39　上海 10 亿营业额商场与地铁站距离关联度
（资料来源：戴德梁行 2017 年统计数据）

4.4.3　案例

1. 上海百联世博源

2014 年，由上海 2010 年世博会永久性建筑"世博轴"改建而成的大型综合购物中心"世博源"正式开业。世博轴是上海世博会的主入口和主轴线，地下、地上各两层，南北全长 1100m，东西宽度为 80~130m，是世博园区中最大的单体项目。改造后的世博源项目总建筑面积为 33 万 m²，其中商业营业面积为 10 多万 m²（图 4-40，见表 4-18）。

表 4-18　项目档案

开发商	上海世博百联商业有限公司（百联集团与上海世博发展集团）	总建筑面积	30.5 万 m²
商业面积	10.8 万 m²	开业时间	2014.4
投资金额	3.6 亿元	停车位	1200 个
项目定位	中高端定位，以周边社区居民、观光游客为目标客群		
主力店	亚马逊探险乐园、食品超市、大创生活馆、高尔夫生活馆、保利国际影城、银乐迪、迪卡侬、世博源婚礼艺术中心、米高运动成长中心		
项目地址	上海世博大道 1368 号		

☐ 本项目
▨ 已有建筑:
A 中国馆
B 主题馆
C 世博中心
D 贵宾楼
E 演艺中心
F 月亮船(原沙特馆)
G 意大利馆
H 法国馆
▨▨ 已施工、规划建筑
X 13家央企总部
Y 非央企总部
Z 4个五星级酒店
Ⓜ 地铁站点

图 4-40 上海百联世博源购物中心

（左图：鸟瞰图；右图：项目区位图）

（1）规划设计 百联世博源由于整个商业动线比较长，共规划为二街五区。"二街五区"具体来说，为 L2 层（屋顶层）的动感街、B 层（地下一层）的活力街；一区的品位主题区、二区体验主题区、三区时尚主题区、四区潮流主题区及五区乐活主题区（图 4-41）。地下一层南北两端连接两个地铁站：8 号线中华艺术宫站和 7 号线、8 号线耀华路站。五个分区以四条城市道路（世博大道、博成路、国展路、雪野路）为分界。也正因为如此，购物中心地下一层（B 层）和屋顶层（L2 层）两个层面是连续的，但 G 层和 L1 层是被城市道路割裂的。世博源 G 层同时与梅赛德斯 – 奔驰文化中心购物广场地下一层相连通。

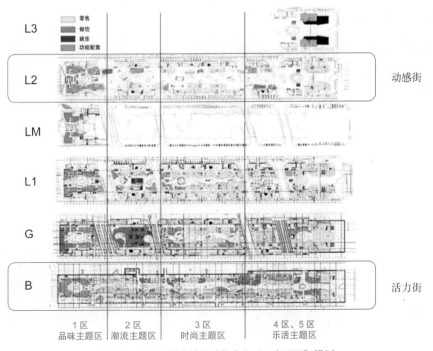

图 4-41 上海百联世博源购物中心"二街五区"规划

125

世博源的空间设计以"水"为主题，在原有建筑空间中增加了很多景观和艺术元素。如世博轴建筑原来保留下来的6个"阳光谷"，展开面积达到7.7万 m²，每个"阳光谷"高约为42m，最大直径约为90m。这些阳光谷本来是作为雨水和阳光采集来使用的。现在也与商业下沉式广场、中庭等结合在一起。除此之外，还有小火车、钢琴阶梯、音乐喷泉、海景鱼缸、热带雨林、阳光膜／天幕等特色景观（图4-42）。尤其值得一提的是，二层巨大的空中平台打造成了空中花园，绿化面积约为2万 m²，并设有植物迷宫、空中湖泊等景点（图4-43）。

图 4-42 上海百联世博源购物中心室内特色景观
（热带雨林、钢琴阶梯等）

图 4-43 上海百联世博源购物中心二层空中平台

（2）业态特色　世博源的业态比例基本上是零售、餐饮、休闲娱乐、生活配套=46：31：12：11。其中零售和餐饮还是占了较大的比重。值得一提的是，世博源的亲子业态做得比较有特色，儿童游乐业态有彩色熊猫剧场、亚马逊探险王国、巧虎欢乐岛、乐高运动成长中心等。规划设计基本信息见表4-19。

表 4-19　规划设计基本信息

外部交通	区位	世博园区核心位置、城市副中心	商业动线特征	一字形
	公交线路	500m 范围内有 8 个公交站	出入口数量	6 个（不含地铁口）
	地铁交通	地铁 8 号线中华艺术宫站，7 号线、8 号线耀华路站上盖，近 13 号线	中庭数量	6 个（阳光谷）
	其他	—	电梯数量	约 75 台自动扶梯、32 台垂直电梯

各层主力店布局见表4-20。

表 4-20　各层主力店布局

楼层	主力店
L2	世博源婚礼艺术中心、亚马逊探险公园、高尔夫生活馆
L1（含 LM 层）	保利国际影城
G	银乐迪、保利国际影城、新世纪食品城、大创生活馆
B	迪卡侬、乐高运动成长中心

除了丰富的业态之外，世博源为了吸引游客，设有众多标志性特色景观以及每天均有的景观秀，包括阳光谷灯光秀、大步道水景秀、天幕影像秀、海景鱼缸互动秀、中庭音乐喷泉秀、魔鬼钢琴表演秀、小火车等。

（3）商业效益　世博源由于是对世博轴建筑的改造，在商业动线上有先天不足，整个一、二层被 4 条马路分开。尽管在设计和运营上动了很多脑筋，但依然会影响到顾客的体验感。夜景灯光秀等作为城市旅游观光项目，其运营成本较高。从商业总体规模来看，总体效益和出租率尚可，但其商业坪效仍有很大的提升空间。

（4）设计研究　世博源项目可资借鉴之处，主要在于其对屋顶平台的商业利用。世博源的屋顶平台以餐饮、儿童业态为主，中间形成了丰富的景观带，阳光谷点缀其中。楼梯、厕所及机房设备较好地掩藏于景观绿化中，形成了开阔而宏伟的公共空间（图 4-44）。这一富有特色的屋顶平台设计吸引了大量旅游观光客，绚烂的夜景灯光效果延长了人们在此逗留的时间，成为人们购物和

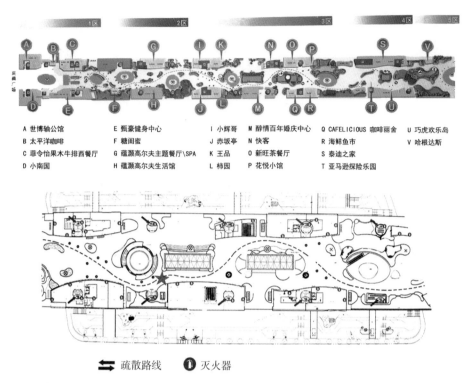

A 世博轴公馆	E 甄豪健身中心	I 小辉哥	M 醇情百年婚庆中心	Q CAFELICIOUS 咖啡丽舍	U 巧虎欢乐岛
B 太平洋咖啡	F 糖闺蜜	J 赤坂亭	N 快客	R 海鲜鱼市	V 哈根达斯
C 菲令怡果木牛排西餐厅	G 蕴濑高尔夫主题餐厅\SPA	K 王品	O 新旺茶餐厅	S 泰迪之家	
D 小南国	H 蕴濑高尔夫生活馆	L 柿园	P 花悦小馆	T 亚马逊探险乐园	

⇄ 疏散路线　❶ 灭火器

图 4-44　上海百联世博源购物中心二层空中平台

（上图：屋顶景观带商业设施分布图；下图：3 区屋顶放大平面图）

旅游的首选目的地之一。

不过，世博源项目的缺陷也非常明显。其主体建筑呈狭长形，南北动线长度达到 1100m，这样的长度已超出了步行的舒适距离，且使得购物者几乎不能走回头路。而且从人流分布来看，明显两头人流量远远大于中间的人流量。为了解决动线过长的问题，世博源采用了分区设计，但 5 个主题区分中的品牌特色不太鲜明，导致差异性不太明显。围绕阳光谷形成的室外庭院把商业动线割裂了，造成了分区之间联系不顺，尤其是各个分区的高层区完全无法互动，对这些楼层的商业运营造成了较大的负面影响。也因为如此，尽管独特的屋顶平台和景观秀吸引了大量的观光客，但从长远发展来看，世博源并不仅仅是一个游览观光项目，更是一个商业综合体项目。不仅要吸引观光客，而且更要吸引消费者。从目前来看，世博源的人流量和提袋率仍有较大的提升空间。

2. 上海万象城

上海万象城是华润置地全国第 14 座万象城，为地铁 10 号线紫藤路站上盖，总建筑面积约为 53 万 m²。万象城是上海首个商业运营的地铁停车场上盖的综合体项目，它借鉴了发达国家的先进经验，利用地铁停车场的顶盖来做综合开发利用。除了购物中心之外，上海万象城还包括了办公、酒店等功能，是城市土地集约化利用的典范（见表 4-21）。

表 4-21　项目档案

开发商	申通地铁、华润置地	总建筑面积	53 万 m²
商业面积	24 万 m²	开业时间	2017.9
投资金额	—	停车位	近 3000 个
项目定位	中高端一站式购物中心		
主力店	百丽宫影城、Ole'精品超市、冰场、Meland 儿童成长乐园、地铁博物馆等		
项目地址	上海市闵行区吴中路 1551 号		

（1）规划设计　万象城所在位置原来规划的是单一功能的轨道交通停车场，这一设施与城市周边的居住生活环境没有衔接，这对城市功能布局造成了割裂。万象城综合体通过在其上盖商业项目的方式，将原来闲置的场地打造成为具有城市功能的区域，这对城市环境的改善具有显著效果。

购物中心与办公沿着吴中路城市主要道路布局，酒店位于相对安静和私密的区域，动静分区颇为合理（图 4-45）。

1）商业动线。上海万象城 24 万 m² 的商业体量分布在地下一层至地上六层共 7 个楼层，这使得单动线单层长度长达 400m，沿街立面足够舒展，昭示性好。室内步行街最宽处达到 14m，首层楼层净高达到 6m，整个空间效果延续了万象城的一贯风格——开敞、明亮。但 400m 的动线已经达到了步行体验的极限，容易让人产生疲劳、厌倦之感。

2）多首层设计。由于所在位置的特殊性，上海万象城较为巧妙地采用了多首层设计，分别连接了地铁、吴中路地面层、星空广场及写字楼区域，使得消费者可以方便而快捷地从各个楼层位置进入购物中心。比如，办公

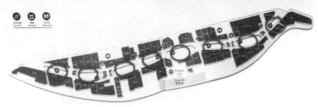

图 4-45　上海万象城总体鸟瞰及典型商业平面图
（上图：总体鸟瞰图；下图：二层商业平面图）

和酒店区域因为地下是地铁停车场站，没有设在地下车库，所有车辆直接到二层平台落客，这样二层成为了另一个首层（图4-46）。

3）城市公园设计。上海万象城购物中心前面面向吴中路有一个横向展开的、巨大的城市绿化带，近50m宽，占地25000m²，约有50个篮球场大小，这样大的退界和绿化隔离对于地面商业人流的导入本来是有问题的，但华润独辟蹊径，把广场与景观使用功能结合起来（图4-47），使这个开放绿地成了项目的标志和特色。不同于一般城市绿化带的做法，这里除了有绿化、水景喷泉外，还设置有商业入口广场、出租车落客区、庆典活动草坪、户外吧台区、户外用餐区、儿童游戏场、瑜伽教室，并把下沉式广场也设置在其中，为这个"公园"赋予了很多使用价值，甚至是商业价值。另外，城市公园里也放置了大型艺术雕塑和互动装置，这有助于提升城市的环境品质和艺术氛围。上海万象城联合欧普照明跨界打造出大型的互动灯光装置，并在开业当晚举办了亮灯仪式，成为整个项目的点睛之笔。

图4-46　上海万象城二层落客平台

图4-47　上海万象城城市绿化带处理
（左图：下沉式广场；右图：绿化带里的艺术雕塑）

规划设计基本信息见表 4-22。

表 4-22　规划设计基本信息

外部交通	区　位	城市副中心	商业动线特征	一字形
	公交线路	10 个公交站（500m 范围内）	出入口数量	4 个
	地铁交通	10 号线紫藤路站上盖	中庭数量	8 个
	其　他	距虹桥综合交通枢纽仅有 2km	电梯数量	80~90 个自动扶梯（还设有跨层电梯）

（2）业态特色　上海万象城开业时，单日客流量就达到 18 万人次，店铺开业率高达 92%，如此高人气与其业态布局的特色分不开。上海万象城在布局上保留了万象城品牌经典的主力店组合，如影院＋超市＋冰场，同时又有所调整，如去掉了百货，增加了儿童业态。每层都分布有餐饮，而且在连接地铁和商场的中间区域打造了一个以轻餐为主的"M Street"。六层屋顶层结合餐饮和万象城会员中心打造出屋顶花园，也吸引了大量游客。

除零售和餐饮业态外，上海万象城把儿童、休闲娱乐、家居和科技类相比以往的万象城做得更充分。如儿童板块包括多家儿童零售和儿童教育店铺，科技类有 ALIENWARE 旗舰店、小米之家、iGe（中国首个高端游戏专营店品牌全新形象店）等，这类业态都在原来万象城引以为豪的"一站式"消费目的地的基础上，增加了更多的体验式购物品类，从而真正成为城市生活方式的引领者。

各层业态分布见表 4-23。

表 4-23　各层业态分布

楼层	主力店
L6	餐饮、万象会、屋顶花园
L5	零售、餐饮、美食广场、百丽宫影城
L4	零售、餐饮、冰场
L3	零售、餐饮、儿童成长中心、星空广场
L2	零售、餐饮
L1	零售、餐饮
LG（B1）	零售、餐饮、精品超市、水幕广场

（3）商业效益　上海万象城在开业 16 天时公布了销售额，达 1 亿元，坪效还算是比较高的，这与成熟的商业规划、高开业率以及开业前后的推广营销等密切相关，尤其是开业推广活动及优秀的中庭美陈设计令人印象深刻。创新

的思路贯穿了上海万象城项目的诸多环节之中，如美陈装置上结合了声音、香味、互动拍照等功能设计，形成了IP效应，一时成为网红热点（图4-48）。当然，开业成功后的持续运营效益才是真正考验这样一个大体量商业项目成功的关键，大概要等到三年之后再做评判。

图 4-48　上海万象城开业时中庭美陈设计

（4）设计研究　上海万象城是华润置地在中国的第14个万象城，但该项目开业却历时8年之久，这一方面与该项目是在地铁停车场上盖，建设施工难度大有一定的关系，另一方面也与华润面对市场的谨慎态度有关。众所周知，今日的商业竞争环境与过去已不大相同，面对互联网电商巨头的野蛮生长，传统的一站式购物中心模式已很难满足顾客的情感诉求及更进一步的体验性消费需求。

上海万象城不同于以往万象城走高端奢侈路线，而是因地制宜地选择了"时尚＋轻奢＋家庭化"消费的定位，一楼的品牌组合如COACH、GANT、TOMMY、HIFIGER、CHARLES & KEITH 等相比奢侈大牌更符合当下主流客群的消费价值观，大量的轻奢及设计师品牌搭配一批大众、时尚、潮流及个性化品牌，也显得更为务实。这一方面为未来品牌提升和调整留有余地，另一方面也将华润万象城的客流拓宽并形成更加稳固的可持续性消费。在互联网对实体零售冲击越来越大的今天，各大商业地产商的产品线都在或为适应或为突破发生转变。"万象城"模式并非放之四海皆准，且保持一成不变，上海万象城在品牌选择和组合上的转变值得我们思考。

4.5 百货型购物中心

百货与购物中心作为购物场所的两种不同形态,有人从业态构成、城市功能、金融功能、获利方式、运营管理、重点服务对象、商圈、商业体量、布局模式、购物环境等方面进行了比较(见表4-24)。

从这些差异点来看,百货与购物中心的最大区别在于获利方式、运营管理重点等,而业态构成、城市功能、购物环境等方面随着这两种商业形态的发展,差异点越来越少。从2012年以来,关于传统百货转型的讨论一直成为业内经久不衰的话题。而2014年后,在百盛等外资百货频频关店的背景下,传统百货的转型似乎成为压力下的一种选择。百货购物中心化是传统百货谋求突围的重要方向。这在国内的一些传统百货品牌身上都有所反映,如王府井、天虹百货等。

表 4-24 百货与购物中心的比较

区别点	百货	购物中心
业态构成	以零售业态为主	多业态多业种复合
金融功能	作为简单的流通环节,通过商品销售实现经营者和供应商的资金周转	整合金融、地产、物业和商业的庞大产业链条,其运营管理为商业地产投资回报和物业资产的长期保值增值的根本利益服务
获利方式	通过专柜销售收入的分成方式获利	通过分租物业的租金收入方式获利
运营管理重点	以联营专柜经营为主,少量辅助性独立服务项目配套,统一收银	以经营租户为主,对物业、商务统一管理,可以包括一家甚至多家百货店
服务对象	面对的是相对集中的有直接购买目的的顾客,经营的是商品	物业出租,管理的是商户,经营的是全客层、潜在购物需求的顾客
城市功能	只是一个购物场所	实现城市商业主体定位、城市消费、文化聚集和地产物业需求的多种价值
物业体量	通常选择中等规模物业	通常占地面积、建筑面积均可很大
布局模式	以商品岛方式布局,共享空间一般有限	以多条步行街或回廊连接各个业态,共享空间是重点

注:资料来源:http://www.topbiz360.com/web/html/newscenter/businessproperty/154333.html。

4.5.1 特点

百货购物中心化后,一般具有以下特点:

(1)业态构成调整 百货购物中心化后首先是会引入购物中心中对顾客有

吸引力的业态，如餐饮、娱乐等元素。但不同于购物中心，零售在此类百货中依然占有绝对比重，而购物中心的各业态比例中零售所占比例并不一定占绝对优势，餐饮与娱乐相加可能占一半甚至更多。

（2）共享空间塑造　百货购物中心化后在空间格局和环境设计上模仿购物中心，如对中庭空间的打造，增加公共展示空间，有些也会采用回廊设计等。

4.5.2　分类

购物中心和百货的相互借鉴主要体现在以下两个方面：一方面是百货向购物中心转型，类似百联、银泰、金鹰、王府井等传统百货正在向购物中心转型，如上文所述。另一方面，一些购物中心也向百货学习精细化管理及吸收其有益的空间模式。以上海大悦城为例，其尝试类百货品牌集合店，借鉴了百货中岛通透的做法。大悦城弱化了次动线概念，而将主动线附近的店铺调整为中岛开放区域，使顾客不会因为主动线上店铺的遮挡而忽略次动线（图4-49）。大悦城大型内衣集合区则吸收了传统百货品类集群的优势，且针对女性独特的购物心理特点，打造了类百货品牌的集合区，营造了私密的购物氛围，提升了女性顾客的购物体验。大悦城同时也采用了类似方法打造了相对开放的中岛女鞋集合区，弥补了整个购物中心的品类缺失，开放式中岛对于购物中心的可逛性和坪效有提升作用。在此，购物中心与百货的空间模式出现了融合。

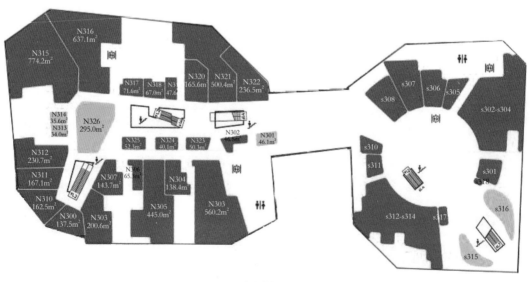

图 4-49　上海大悦城三层平面图

4.5.3 案例

1. 上海久光百货

上海久光百货坐落在静安寺商圈南京西路核心段，是具有购物中心特点的百货。它在百货零售的基础上结合了超市、餐饮、休闲等功能，成了南京路上重要的商业地标。久光百货以香港崇光百货多年来的灵活而严谨的管理模式，采用了日式的"亲切服务文化"，体现出高端的商业服务品质（见表4-25）。

表 4-25　项目档案

开发商	香港崇光百货有限公司、上海九百（集团）有限公司	总建筑面积	91613m² （含地下 13566m²）
商业出租面积	约 60373m²	开业时间	2004 年 9 月
投资金额	—	停车位	约 200 个
项目定位	高端定位的城市百货		
主力店	久光 Freshmart 鲜品馆（超市）、品川（餐饮）和三味（餐饮）		
项目地址	上海市静安区南京西路 1618 号		

（1）规划设计

1）类购物中心空间设计。上海久光百货采用了类似购物中心的商业中庭设计，七层通高"倒锥形"垂直中庭与三层通高的"长带状"水平中庭立体交织，成为整个项目的空间焦点。中庭有着良好的视线延展面，并在此布置有两台景观电梯和两组自动扶梯（图4-50）。这种类购物中心的设计手法提升了商业品质，使得空间开敞大气。

图 4-50　上海久光百货类购物中心的中庭设计

2）室外步行街规划。久光百货紧邻上海名寺——静安寺，项目在规划设计中考虑到了这一点，与静安寺东墙相对的底层设计了对外的商铺，利用小尺度的街道形式较好地衔接了静安寺与项目场地之间的步行空间（图4-51）。

3）大台阶元素的使用。项目主入口设置了大台阶来连通首层和二层平台，形成了立体化的入口空间，内部中庭也设置了大台阶把顾客引到三层。这种做法为项目增加了特色，尤其是入口台阶经常作为节日布置的重点，吸引了众多眼球（图4-52）。但从日常使用来看，台阶利用率不高，常常沦为摆设，在商业空间设计中是否规划大台阶以及如何规划，需要慎重考虑。

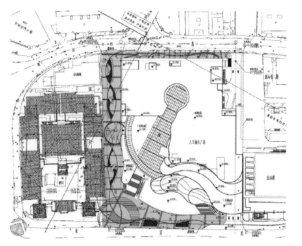

图 4-51　上海久光百货类与静安寺之间的步行空间

（左图：总平面图；右图：首层平面图）

图 4-52　上海久光百货入口大台阶

规划设计基本信息见表 4-26。

表 4-26　规划设计基本信息

	区位	城市核心商圈	商业动线特征	一字形主动线＋回字形次动线
	公交线路	约25条公交路线直达	出入口数量	5个人行入口（首层）、2个机动车出入口
外部交通	地铁交通	地铁2号线、7号线静安寺站直达	中庭数量	3个
	其他	—	电梯数量	自动扶梯室外三组、室内五组；垂直客梯6部；货梯（兼消防电梯）7部

（2）业态特色　上海久光百货是一个比较典型的百货购物中心化的案例，除了贯穿一到八层的百货主力店之外，该商业项目引入了精品超市、专卖零售、餐饮、SPA等业态。从商业面积比例来看，引入的其他业态所占比例约20%，即百货占比约80%（见表4-27）。

表 4-27　上海久光百货各层主力店面积占比统计表

位置	主力店面积 /m²	商业总面积 /m²	所占比例
9F	2130	2235	95.3%
8F	1775	5055	35.1%
7F	357	5765	6.2%
6F	565	4724	12.0%
5F	795	7601	10.5%
4F	1230	7567	16.3%
3F	1200	7291	16.5%
2F	595	7695	7.7%
1F	890	7217	12.3%
B1	2942	5185	56.7%
合计	12479	60335	20.7%

从业态布局来看，地上一至七层基本为零售，八、九层与地下一层布置有餐饮，把餐饮业态设置在高区，有助于引导人流往上走。一至七层除主力百货外，还布局了一些较为高端的零售专卖店。久光百货以时尚代表型、享受高品质生活有闲型和高端奢侈消费型客户为目标，主打以家庭消费和高端奢侈消费为主的消费模式。因此，它引入的品牌和推崇的亲切服务文化都与该定位息息相关。如以地下一层的久光 Freshmart 鲜品馆为例，它是香港利福国际集团旗下

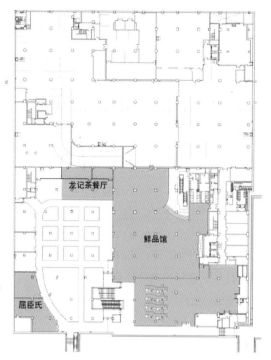

图 4-53　上海久光百货地下一层平面图

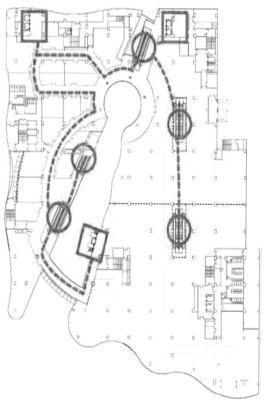

图 4-54　上海久光百货商业动线及交通布局分析

的高端进口食品超市品牌，鲜品馆代理的都是日本独创食品、特色商品，对于高端消费人群具有很强的吸引力（图 4-53）。

（3）商业效益　过去一般经营得好的百货商场比购物中心坪效要高，因为百货店公共空间利用率比购物中心至少高 30%，因此整体坪效也比购物中心高出 30% 以上。上海久光百货总建筑面积为 91613m²，商业得房率为 65.9%。其中一层至九层约为 69.4%，地下一层约为 38.2%（地下一层由于停车、设备用房占比较大）。尽管其拥有一个类似购物中心的中庭空间，但其得房率依然高于一般购物中心（60% 左右），再加上其极其优越的地理区位，商业坪效还是比较高的。2016 年其零售总额已超过 20 亿元，坪效约 90 元 /（日·m²）。

（4）设计研究

1）动线不连贯问题。上海久光百货尽管在内部空间格局上借鉴了购物中心设置中庭的做法，但其中庭周围的环廊并不连续，尤其是五层以上出现了较多的尽端商铺。中庭两侧商铺不管是右侧的百货区，还是左侧的零售专卖店，采用的都是百货的布局方式，左侧零售专卖店次动线、支路过多，导致体验感较差。长向中庭北侧的倒圆锥形中庭的尺度偏小，以至于八层以下无法容纳自动扶梯，因而自动扶梯设置过于靠近北入口，且北入口一至五层在空间上略显拥挤（图 4-54）。

2）垂直交通布局。久光百货单层商业面积不大，但地上层数有9层，因此在设计时通过室外、室内两处大台阶，在二、三层创造了类首层的感觉，这种做法有助于提升高层区的商业价值。在二层设置南入口前广场，该广场也可兼做销售展示区。相比于南入口二层导入的做法，其北侧也采用了自动扶梯加台阶的方法，试图把人流导入二层，但由于空间较小，二层入口显得有些局促（图4-55）。

3）立面特色。上海久光百货外立面设计比较有特色，其采用流动的曲线墙体，与旁边的传统建筑静安寺在风格上形成鲜明对比，具有标志性。流动的线条体现了城市休闲购物港湾的形象（图4-56）。入口大实大虚，同时配合"迎客大台阶"，富有特色。外立面的设计语言同时也延续到了室内，室内也采用了流动的曲线以配合玻璃的通透来模拟水面光影、流动波浪的意象。这一富有时代感和时尚气息的立面设计，结合节假日的商业主题外置摆设等美陈设计，对于提升商业人气具有很大的作用。

2. 上海大丸百货

上海大丸百货坐落于南京东路核心商圈。定位高端，目标客群是富裕阶层和中产阶层，内部品牌以国际一线知名品牌为主，另有30%为我国港澳台地区的品牌和内地知名品牌。同前面的久光百货案例类似，该项目也引入了日系管理，非常注重为消费者提供贴心周到的服务（见表4-28）。

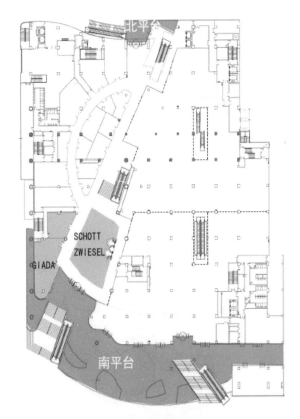

图4-55　上海久光百货二层南、北平台

图4-56　上海久光百货外立面特色

表 4-28　项目档案

开发商	上海新世界股份有限公司、上海新黄浦集团、日本 J.Front 集团提供运营支持	总建筑面积	118206m² （含地下 50894m²）
商业出租面积	约 49000m²	开业时间	2015.5
投资金额	60 亿元（单位面积造价 5 万元 /m²）	停车位	500 个（15 个无障碍车位）
项目定位	高端百货，以富裕阶层和中产阶层为目标客户		
主力店	Ole' 精品超市		
项目地址	上海市黄浦区南京东路 228 号		

（1）规划设计

1）巨型主中庭。同久光百货相似，上海大丸百货也引入了巨型主中庭，其长约 55m，宽约 30m，高为 39.6m，为近似椭圆形，长边的一侧设有 6 台垂直观光梯，两侧短边各有一部螺旋上升的自动扶梯，顶上为三角形单元构成的玻璃曲面天窗。天窗可向两侧开启，中间设有 LED 透明屏。该巨型主中庭及其两侧螺旋自动扶梯成为人流的视觉焦点（图 4-57）。另外，由于中庭尺度较大，不同于传统百货，大丸百货的得房率偏低，仅约 41%。

2）传统百货的动线组织模式。尽管在空间布局上引入了购物中心中常见的中庭空间，但在动线上还是遵循了传统百货的模式。除了首层设置了国际知名品牌专卖店外，二至六层还是类似百货的分区布局模式，采用了内外两个环形动线，一些边厅直接贴在主中庭一侧，不同于购物中心的开敞式购物走廊的布局方式。内外环之间的"中岛区"也是百货模式，由半高的货架围合而成，使内外环之间的视线较为通畅（图4-58）。内环动线长约 200m，外环长约300m，动线基本宽度为 3m。

图 4-57　上海大丸百货室内空间特色

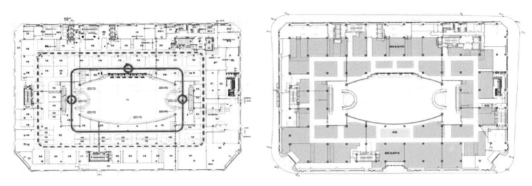

图 4-58 上海大丸百货双动线布局

规划设计基本信息见表 4-29。

表 4-29 规划设计基本信息

	区 位	城市核心商圈	商业动线特征	双环形动线
外部交通	公交线路	16 条以上公交路线	出入口数量	6 个人行入口、2 个车库出入口
	地铁交通	地铁 2 号线、10 号线直接接驳	中庭数量	1 个
	其 他	—	电梯数量	观光梯 6 部，自动扶梯 2 组，员工梯 6 部，货梯 2 部

（2）业态特色 大丸百货在传统百货业态布局上有所改进，如首层引入了国际名品专卖店，另外也增加了餐饮的比重，还在七层引入了影院设施，强化了消费者的体验感。

各层业态分布见表 4-30。

表 4-30 各层业态分布

楼层	主要业态
L7	管理部门
L6	儿童用品、家居用品、餐饮
L5	男装、运动休闲
L4	女装
L3	女装
L2	世界名品
L1	化妆品、世界名品专卖店、配饰
B1	珠宝、女鞋
B2	超市、美食广场

大丸百货尽管引入了餐饮等功能，但其零售占比依然超高，超过85%，这与目前国内诸多商场强调餐饮、娱乐、亲子等业态占比不同，大丸百货反而采用了通过提高零售占比来最大程度提高经营坪效的做法。但其也有提升消费者购物体验的配合手段，即对于细节的把握和呈现以及服务设施的充分考虑，体现出开发商的专业度及诚意。如大丸百货在每层走道处根据楼层不同的主题而设置了相关的专用服务间。比如，二层国际名品时尚楼层配套设置了"Lingerie Salon（内衣沙龙）"，五层男装楼层配置了"一针一线（修理裤脚）"，六层儿童用品楼层设置了多功能室（亲子活动妈妈教室）、母婴室。

（3）商业效益　大丸百货商业得房率偏低，且耗费巨资对内部空间进行了多主题的装修，又采用了提高零售占比的做法，在运营前期阶段投入成本可能远大于回收。尽管地下二层的超市、美食广场和六层的餐饮人气极高，但地面其他层人流量还是不太高，且观光客多于消费客。在南京东路这一以旅游消费人群为主的商圈中，这样的高端定位和业态配比还是有一定的风险，目前商场仅开业3年左右，未来运营效果如何可能还有较大的不确定性。

（4）设计研究

1）垂直交通布局。大丸百货的垂直交通布局比较精简和细致，值得借鉴。首先，中庭两端部分分别设置了一组自动扶梯，上下行扶梯分开，但距离相隔又不太远，联系比较紧密。上行扶梯采用螺旋式，悬挑在中庭内，香槟金色装饰，像两条盘龙，预示着蒸蒸日上。中庭长轴的一侧又补充了6台观光梯，成为整个中庭的视觉中心。与地下层的联系则在同一位置布置了两部并列的自动扶梯，各自形成一组。两部货梯连接首层的卸货区和各个商业楼层及地下二层的超市、美食广场与六层的餐饮区。地下二层超市采用了开放式布局，超市内的走廊也成为商业动线的组成部分（图4-59）。

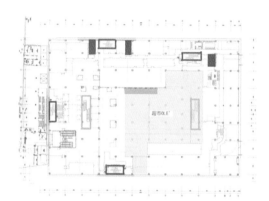

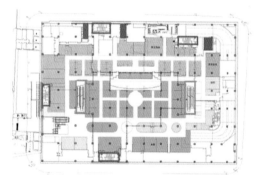

■ 员工梯/货梯　■ 景观电梯　□ 疏散楼梯　□ 自动扶梯

图 4-59　上海大丸百货垂直交通布局
（上图：地下二层平面图；中图：地下一层平面图；下图：六层平面图）

2）商业层高。大丸百货的商业层高较高，也匹配于其高端定位。如首层至地上六层均为6.6m，七层为13.2m，地下一层为5.88m，地下二层为5m，地下三至五层为停车层，层高为4.5m。在如此的层高条件下，地上商业楼层的走廊净高达到5.1m，这样的高度也为内部吊顶设计提供了很大的空间。大丸百货内部装饰主题多种多样，相对应的也都是各具特色的吊顶设计（图4-60）。从地下二层到地上六层，分别设有航海盛宴、

图4-60 上海大丸百货的室内吊顶设计

流水、豪华游轮、水面反射光、水滴 / 波纹、帆船、罗盘 / 海图、航海 / 旅客等不同的主题。

3）动线布局。大丸百货的商业动线依然采用的是传统百货的模式，但这种模式并未充分利用中庭在商业空间上应起到的作用。整个中庭除了布置化妆品专柜外，以观赏为主。高区楼层的顾客在行走时，很难察觉到中庭对面的商铺信息，尤其是双环形动线的外环极易被人忽视，再加上防火门、开放式商铺的阻碍，此处的人流较难导入。当然，开发商在布局时也试图通过把收银区、洗手间以及咖啡店等布置在外环外侧的做法来引入人流，但其对于各家店铺的展示性依然不足，给商业经营带来一定的压力。

4.6 巨型购物中心

所谓巨型购物中心在业内尚没有明确定义。一般在10万~15万 m² 的商业建筑面积的购物中心相对较为普遍。18万~20万 m² 可以称为巨型购物中心（商业出租面积为10万 m² 以上），30万 m² 及其以上即达到超巨型规模。巨型购物中心最早在美国产生，而且主要位于郊外。如美国购物中心（Mall of America）位于美国明尼苏达州的布卢明顿，建筑面积达420万 ft²（约合390192.77m²），内部配置有4家主力百货以及大量的娱乐设施，包括主题公园、水族馆、18洞的迷你高尔夫球场及14屏幕的多厅影院等。我国购物中心发展也很快，早在20年前，国内购物中心就已出现。但当时50万 m² 以上商业建筑面积的购物中心运营得不太成功，如东莞华南摩尔、青岛城阳宝龙城市广场、沈

阳龙之梦等，有的被收购，有的被迫调整。

因此，这些年来国内巨型购物中心比较少见，占主流的仍是 10 万 ~15 万 m² 的大中型购物中心，或者是 2 万 ~3 万 m² 及以下的社区商业，有人推测，其原因主要是因为我国道路交通的特殊性，既非北美式的高比例的自驾车客群，也非东京、新加坡等高密度发展的亚洲国家城市以轨道交通通勤为主，这必然影响到商业的辐射范围，进而限制了商业体的规模。按 2017 年购物中心开业数量统计显示，20 万 m² 以上商业建筑面积的巨型购物中心超过了 20 座，约占 3 万 m² 以上各类集中性商业设施的比例的 4%。尽管比例不算高，但开业的项目以其规模和标志性引起了人们的关注。另外，前些年每年开业的超巨型购物中心基本上在 1~3 家，从 2014 年开始数量激增。2017 年，商业总建筑面积在 30 万 m² 以上的超巨型购物中心达到了 4 家，其中南京金鹰世界更是高达 48 万 m²。

4.6.1 特点

目前国内外巨型购物中心的数量总和已有不少，颇具代表性的见表 4-31。

表 4-31 国内外巨型购物中心案例

	城市	项目名称	开发商	商业规模 / 万 m²	开业时间 / 年
国内城市	上海	正大广场	泰国正大集团	24.7	2002
		五角场万达	万达集团	26	2006
		百联中环	百联集团	25	2006
		徐家汇中心 SITC	新鸿基	27.9	2020（预计）
		月星环球港	月星集团	32	2013
		上海万象城	华润置地	24（商业建筑面积）	2017
		吴中爱琴海购物公园	红星商业	24	2017
	北京	世纪金源	世纪金源集团	68	2004
	杭州	龙湖滨江天街	龙湖	24（商业建筑面积）	2017
		新天地中心	浙商建业	40（商业建筑面积）	2017
	广州	正佳	广州市正佳企业有限公司	30	2005
	扬州	金鹰新城市中心	金鹰	50（商业建筑面积）	2017
	东莞	华南摩尔	东莞市三元盈晖投资发展有限公司	47	2005
	沈阳	兴隆大家庭	辽宁兴隆大家庭商业集团	19.7	2002
	重庆	龙湖时代天街（一、二、三期）	重庆龙湖成恒地产开发有限公司	>60	2012

	城市	项目名称	开发商	商业规模 / 万 m²	开业时间 / 年
国内城市	厦门	SM 城市广场	菲律宾 SM 集团	12.6（一期） 11（二期）	2001
	武汉	武商摩尔⊖	武商集团	48	2007
	长春	欧亚卖场	欧亚	20	2017
	沈阳	K11	新世界集团	26	2018（预计）
	长沙	IFS （国际金融中心）	香港九龙仓集团	25	2018（预计）
	苏州	凯德苏州中心	凯德置地	25（商业建筑面积）	2017
	青岛	永旺梦乐城	永旺集团	24.8	2018（预计）
国外城市	日本越谷	越谷永旺湖城	永旺集团	24.5	2008
	韩国首尔	Starfield Hanam	韩国新世界集团	46	2016
		首尔第二乐天世界	韩国乐天集团	—	—
	美国迈阿密	迈阿密 American Dream Miami	Triple Five	620	2019（预计）
	法国巴黎	巴黎欧尚欧洲城 Europa City	万达集团、法国欧尚集团	80	2024（预计）
	迪拜阿联酋	迪拜购物中心（Dubai Mall）	EMAAR 集团	54.8	2008 开业

近年来中国巨型购物中心及超级购物中心的开业数量对比如图 4-61 所示。

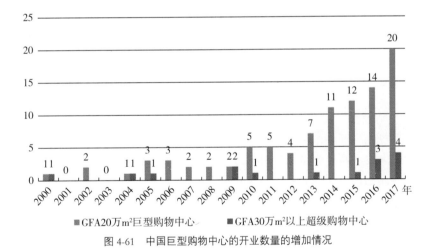

图 4-61　中国巨型购物中心的开业数量的增加情况

⊖ 武商摩尔由武汉国际广场、武商广场即原武汉广场、世贸广场构成。

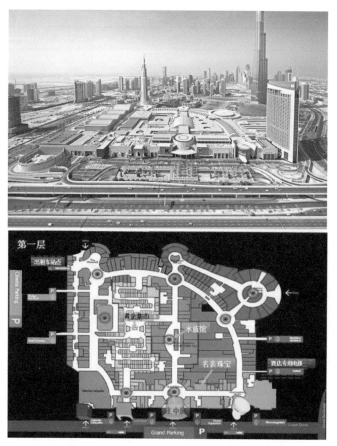

图 4-62　迪拜购物中心
（上图：鸟瞰实景图；下图：首层平面图）

巨型购物中心往往具有以下几个特点：

（1）多主力店　由于具有巨大的商业体量，巨型购物中心往往需要整合多重业态，除了商业外，还会融入旅游、文化等元素。在主力店设置上也会有多店组合。如迪拜购物中心（Dubai Mall）（图 4-62）商业总建筑达到了 54.8 万 m^2，商业总出租率达到 35.2 万 m^2，主力百货就有老佛爷百货、布曾明戴尔百货、玛莎百货，还设有维特罗斯超市。其中老佛爷百货、布曾明戴尔百货位于动线的两端，带动了中间商铺的商业价值。除此之外，该购物中心每一层都还布局了丰富的娱乐互动主题业态，如水族馆、真冰场、有 22 个放映厅的 Reel 影院、世嘉乐园，甚至吸引了大量旅游客群的全球最大的黄金市场、Leavel 鞋区等。除了主力店外，由于面积去化的需求和品牌的深入合作，巨型购物中心往往会引入同一品牌次主力店，多次重复布局。如凯德苏州中心商场内部的不同位置至少设置了 3 处星巴克店，其中还有双层的星巴克臻选店铺。

（2）主题分区　由于商业面积较大，巨型购物中心的动线一般都比较复杂。因此，进行主题分区常常是此类购物中心规划时的普遍选择。如 2017 年开业的重庆新光天地，其商业总建筑面积约为 35 万 m^2，营业面积约为 25 万 m^2，由台湾新光三越集团开发，定位为高端购物中心。项目地上达 8 层，地下有 5 层，划分为 3 个主题区域——"美丽市场"、"百货世界"、"天空之城"。其中"美丽市场"位于地下一层，约为 8 万 m^2，含特色餐饮、生活用品及新鲜市集等自营品牌；"百货世界"位于一层至四层，集合了化妆品专区，国内外设计师品牌、服饰、家居用品等；"天空之城"位于五至八层，打造了全新的商业概念，包含了"玩具故事"、"青春王国"、"森林影院"三大主题区，其中包括一座高达9m、宽达18m的双层旋转木马，以热带雨林为风格，并拥有攀岩场的空中花园，以冰雪奇缘为设计概念的湖上冰宫、玩具世界及一座18厅、2200座席的电影城（图4-63）。此外，由于占地面积大或层数多，巨型购物中心往往会进行水平或垂直方向的主题区分，也可能同时采用两种分区方式。

（3）运营管理要求高　巨型购物中心体量庞大，业态复杂，必然对后期运营管理提出了很高的要求，这也就意味着开发企业要具有较强的商业操盘能力。2014年开始，由于华润、月星环球港、步步高、银泰、茂业、SM、武商、龙湖、金鹰、韩国乐天等房地产商的大笔投入，以及中国香港新世界、九龙仓、新鸿基、新加坡凯德、日本永旺等老牌商业开发运营商的纷纷加入，国内有一些巨型购物中心运行得比较成功。

（4）选址严格　巨型购物中心对选址更为苛刻，一方面要有足够的客流支撑，另一方面要有极为便利的交通条件。20世纪70年代美国率先出现了巨型购物中心，其以最初的大型郊区购物中心为蓝本，这时期也正值美国购物中心发展的最高峰。巨型购物中心的选址主要位于郊区中高收入居住区和高速路交叉口，并拥有巨大的停车场。我国若要发展巨型购物中心，照搬美式郊区购物中心模式是不合适的，但依然需要优越的交通条件作为支撑。因此，结合地铁

图4-63　重庆新光天地

（左上图：室外透视图；左下图：湖上冰宫；右图：空中花园）

枢纽站成为重要的条件，同时最好与城市高架路、主环路有良好的衔接，有些甚至要考虑与高铁站、机场有便捷的交通联系。深圳最大的（截至 2017 年底）购物中心壹方城就选址在地铁 1 号线、5 号线上盖，离 11 号线仅有 400m 距离，离机场也仅有 20min 车程，商业建筑面积达 36 万 m²。其吸引的为全客层，主力店数量达到了 15 个。除了地铁交通外，壹方城还有 6000m² 的市政公交站以及位于商业街顶部的停车楼与购物中心平层连接。据说壹方城项目最初拿地的时候，政府要求至少要设置 3400 多个停车位，而实际上，壹方城最终设置了 6000 多个停车位，其中办公和商业区共有 3000 多个，如此大规模的停车位为今后项目运营提升留足了空间。再看壹方城周边的城市生活，其配套设施也很完善，包括宝安区政府、宝安体育场、图书馆、海滨公园和长达 4km 的海滨休闲带，真可谓是宝安区的行政、文体及商业娱乐中心，发展潜力巨大。

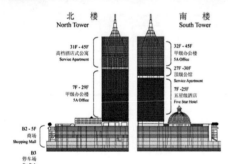

图 4-64　上海月星环球港

4.6.2　案例

1. 上海月星环球港

上海月星环球港是上海少有的巨型商业综合体（图 4-64），总建筑面积约为 48 万 m²，其中购物中心达 32 万 m²，集商业、旅游、文化诸功能于一体，设计风格取新古典主义风格以及豪华邮轮似的印象（见表 4-32）。商业屋顶由汽车坡道可直达，屋顶花园面积达 3 万 m²。环球港与地铁也有便捷的联系，地下二层和地上三层分别通过地下通道和步行天桥与地铁出入口直接连通。

表 4-32　项目档案

开发商	月星集团	总建筑面积	48 万 m²（含办公、酒店、公寓）
商业面积	32 万 m²	开业时间	2013 年 7 月
投资金额	超过 100 亿元	停车位	约 2200 个
项目定位	集商业、旅游、文化为一体的全业态购物中心		
主力店	Tesco 乐购、MUJI 无印良品、海上国际影城、家得乐超市（月星自营）、大食代美食广场、上海世嘉都市乐园、真冰场		
项目地址	上海市普陀区中山北路 3300 号		

（1）规划设计

1）多首层设计。上海月星环球港体量巨大，为了吸引人流，在地下二层和地上三层分别通过地下通道和步行天桥与地铁出入口直接连通。首层共设有8处出入口。通过与轨道交通的无缝衔接，成功地实现了"三首层"的概念。再加上内环高架双向匝道出入口近在咫尺，交通极为便捷。特别值得一提的是，在导入地铁客流方面，将地铁闸机出入口直接设在商场门口，使得人流更容易从地铁出来后，直接被引导入商场。

2）动线与中庭。月星环球港采用了环形动线，且通过3个中庭串接起来，动线的两端基本上以主力店布局为主，形成了"哑铃式"格局，也可适当缩短过长的商业动线。三大中庭分别为610m²的花园中庭、580m²的中央广场和740m²的太阳大厅，主中庭间距为85~100m，走廊式中庭开洞宽度5~7m，边走道较窄，约为3.5m（图4-65）。"太阳大厅"沿袭了古希腊罗马的古典风格，"中央广场"采用了威尼斯的异国风情，北边的"花园中庭"则以绿色植物为主题。中庭为了打造出欧式建筑风格，采用了大量拱券、柱廊等元素，充满了变异的欧式符号，但这样的设计对后面的商铺店面还是造成了一些遮挡（图4-66）。

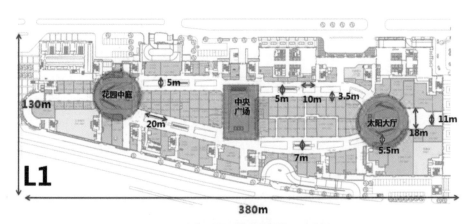

图 4-65　上海月星环球港首层平面图分析

（资料来源：http：//mp.weixin.qq.com/）

图 4-66　上海月星环球港室内柱廊对店铺的遮挡

3）大型屋顶花园。月星环球港在商场五层设置了近 3 万 m² 的屋顶花园，号称为"上海最大的屋顶花园"。除了坐垂直客梯可以到达屋顶花园，也可以驱车直接驶到屋顶花园停车场。该大型花园可举办各类活动，如播放露天电影，举办电影节、时装周、啤酒节、电子竞技等时尚文化活动以及为时尚人士提供高端派对场所。

规划设计基本信息见表 4-33。

表 4-33　规划设计基本信息

	区位	城市核心商圈	商业动线特征	环形动线
外部交通	公交线路	10 个公交站（500m 以内）	出入口数量	8 个人行入口（首层）
	地铁交通	地铁 3、4、13 号，毗邻 11 号线、14 号线地铁站	中庭数量	3 个
	其他	金沙江路内环高架路交叉口	电梯数量	90 部自动扶梯、11 部观光电梯

（2）业态特色　环球港从开业以来，业态一直在不断调整。开业初期，环球港采用了与普通购物中心比较类似的业态配比，零售比例较高，但休闲体验类业态较少。如今经过几轮调整，环球港已经逐渐成为家庭类消费群体的聚集地，商场三层聚集了大量的亲子类零售、休闲业态和教育类品牌，餐饮、生活方式品牌也有所增加。业态组合比例基本为零售：餐饮：生活方式（配套）：亲子文化（儿童）=35：20：10：35。在所有业态中，主力店（租赁面积超过 1 万 m² 的租户）约占 40%，大体上处于合理区间。

（3）商业效益　尽管在刚开业时因其巨大的商业体量和欧陆风格赚足了眼球，但月星环球港的长期空铺率并不低。而且与附近的中山公园商圈龙之梦购物中心相比，其租金与坪效相差较大，一楼仅为竞争对手的 1/4~1/3（开业一年的数据），地下商业在 20 元左右，高区则仅为 8 元左右，这与其最初的业态组合定位偏差有很大关系。经过业态调整，环球港把目标客户调整为中产阶层，拟在打造一个适合中产阶层的周末目的地，增加了亲子业态和生活方式品牌。经过不断的调整之后，环球港的人气得以不断提升，租金也保持了稳步增长。

（4）设计研究

1）欧洲风情街。位于四层的欧洲风情街是环球港欧洲风格的极致体验。各式各样五彩斑斓的商铺构成了这条极具风情的餐饮文化街。店铺大多被设计为假两层，且各具特色，红色顶棚、阳台、花草打造出迷人的韵味。漫步于此，法兰西情怀的峯餐厅、澳大利亚风情的澳仕佳、沁香甜蜜的高端法式下午茶 Le Camelia……让人尽情品味各国特色佳肴和经典咖啡的醇香滋味。环球港的业主在打造这条欧洲风情街上还是下了很大功夫，包括室内设计、景观布置、公共小品等（图4-67）。

图 4-67 上海月星环球港欧洲风情街店铺设计

2）业态组合值得探讨。月星环球港位置得天独厚，位于上海的一个重要交通枢纽上，周围有 5 条地铁线环绕，再加上临近高架等地理优势，它的商业辐射半径绝对是超区域级的，只是周边客群的消费力还有待提高。在这种情况下，环球港需要在业态特色和业态组合上下大力气。目前看来，主题分区依然不够明确，业态特色尚显不足，还需要不断探索和挖掘。此外，巨型购物中心对于运营管理的要求很高，从运营实践来看，环球港业主的经验还有待提升。

2. 南京河西金鹰世界

南京河西金鹰世界位于河西商务区核心商业地段，其购物中心面积近 50 万 m²，上方还坐落了 3 栋高层连体塔楼（分别为 368m、328m、300.8m），含酒店、办公、公寓功能，项目总建筑面积约为 92 万 m²。该购物中心作为金鹰集团新一代商业旗舰，被业界称为"亚洲最大的全客层、多业态生活体验中心"（见表 4-34）。

表 4-34 项目档案

开发商	金鹰集团	总建筑面积	91.8 万 m²
商业面积	48 万 m²	开业时间	2017 年 11 月
投资金额	100 多亿元	停车位	约 5000 个
项目定位	中高端全客层生活体验中心		
主力店	G·Mart 金鹰超市、G·TAKAYA 精品书店、卢米埃影城		
项目地址	南京河西片区应天大街 888 号		

（1）规划设计

1）同层停车。南京河西金鹰世界地上商业达到 9 层，地下还有 1 层商业，为了支撑这样的垂直布局，其每一楼层均设置了停车场，使得 5000 个停车位与购物中心无缝对接，这样的配置方式大大提升了高层区商业的可达性（图 4-68）。

2）特色街区。金鹰世界的四层、五层有一处女性时光主题街区——"光年公园"，作为一个全客层生活型购物中心，这一主题街区聚集了大量年轻人喜欢的元素，包括绘画、陶艺、轻餐、花艺、摄影、银饰等，内部装修也颇有特色，露明顶棚、室内绿植及大量木质构件的使用，使得街区内部略带小清新的味道（图4-69）。

3）多品牌集合店。金鹰品牌设有若干个品牌集合店，以此来替代传统的百货等大型主力店。除了一般购物中心都会有的精品超市和影院之外，还有宠物集合店，精选全球5000种宠物商品，并打造了宠物医院和护理中心。位于六层的汽车生活馆，则汇聚了大量汽车品牌，还配套有金融、保险甚至上牌等服务，试图打造"一站式汽车服务管家"。

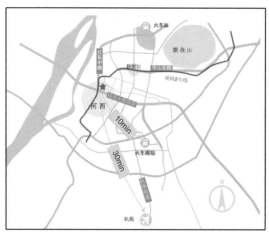

图 4-68　南京河西金鹰世界
（左图：地理区位；右图：项目鸟瞰图）

图 4-69　光年公园

另外，还有主题内衣馆 BODY STUDIO，产品涵盖了基础睡衣、塑身和时尚内衣、瑜伽服四大类，G·BABY 儿童乐园则集合了儿童零售、玩具、儿童游乐等，试图打造成儿童主题馆，通过统一的主题装修，形成了类似儿童集合店的形态。从这个意义上来说，金鹰世界尽管采用了购物中心的空间和动线设计模式，但在楼层布局和业态组合上带有传统百货的痕迹。换句话说，金鹰世界确立了一种购物中心和传统百货相结合的模式，这或许可以说明河西金鹰世界为什么会被定义为全业态生活中心，而非一般的购物中心。

4）人文客厅。金鹰世界在七、八层设有一个开放式

图 4-70　人文客厅

舞台兼展场，这里号称为南京的"人文客厅"，可以举办展览、沙龙与科技体验等活动（图 4-70）。在一个商业项目中加入这样一个体现南京城市文化的展厅，使得该项目具有了更独特的意义和城市价值。

规划设计基本信息见表 4-35。

表 4-35　规划设计基本信息

	区位	非城市核心商圈	商业动线特征	一字形
外部交通	公交线路	9 个公交站（500m 范围内）	出入口数量	首层两个人行主入口
	地铁交通	2 号线集庆门大街站直达	中庭数量	3 个（时间广场、光之门、云的宫殿）
	其他	—	电梯数量	约 70 部自动扶梯、12 部垂直客梯

（2）业态特色　南京河西金鹰世界的每层商业都类似百货，都有一个业态主题，其中地下一层为超市、轻食、宠物主题，一、二层以零售为主，含女性服饰、

化妆品等，三层为儿童主题，四层为男装和光年公园，五层为家居电子和光年公园，六层为汽车主题，七、八、九层为餐饮和影院，共有 450 多个不同品牌。

金鹰世界的业态特色的独特之处，在于其中有 10%~15% 是金鹰集团的自有品牌，包括 G-LIFE 系列，含有六大创新业态（见表 4-36）。

表 4-36　南京河西金鹰世界六大创新自有品牌

序号	创新业态名称	内容	楼层
1	G·MART	金鹰精品超市	B1 层
2	G·TAKAYA	自营文创书店和精品生活集合馆	L2 层
3	G·BABY	明日乐园，聚焦儿童及家庭主力消费，打造 1+2+4 全家乐园	L3 层
4	G·BEAUTY	美妆中心，全球最畅销美妆单品集合店，并结合了国际四大化妆品牌	L1 层
5	G·HEALTH	健康中心，综合性国际领先的专业齿科、月子会所、健康体检等健康医疗服务	—
6	G·QUTE	萌宠中心，组合了宠物美容、宠物医疗、宠物产品、宠物大型国际赛事等综合业态	B1 层

以上这些自营品牌验证了金鹰世界在百货上的品类集合能力，这也是其打造这样一个巨型购物中心的底气。

除了以上自营创新业态之外，金鹰世界还推出了三大特色业态：一是名车汇，专为顾客提供国际名车的汽车金融等汽车综合服务；二是屋顶温泉，可以享受城市美景的无边界温泉池；三是民国风森林系手作街区"光年公园"，以吸引各个年龄层次的客群。

（3）商业效益　河西金鹰世界刚一开业，就有 400 多个品牌入驻，开业率近 90%，开业当日客流量就达到了 36.8 万人次。当然，到目前为止，金鹰世界的开业时间尚不算长，对其进行全面评估还为时尚早。从开业盛况来看，河西金鹰世界的运营总体上还是比较成功的。这一方面基于金鹰自身在当地的品牌影响力，加上项目体量的优势，较多品牌将其旗舰店放在了金鹰世界，包括其自营品牌，甚至有的店铺在内部开了多家店。例如，星巴克在金鹰世界就开设了 3 个店，分别为位于一层的臻选店、二层在 G·TAKAYA 书店中的一家店以及位于九层的毗邻卢米埃影城的店。

（4）设计研究　河西金鹰世界在总体布局上有较多的百货布局的影子。比如，在铺位规划上，为了消化大进深空间，河西金鹰世界在零售层均存在很多的中岛柜位（图 4-71），这样做的好处是空间利用率和坪效较高，但其缺点是中岛布局稍显杂乱，降低了商场的品质。

另外，为了充分利用塔楼核心筒外侧的面积以及削弱尽端动线和狭长空间的弊端，河西金鹰世界分别规划了自营品牌书店 G · TAKAYA 书店（图4-72）、儿童培训教育及两层的文创主题街区，动线两端规划为开放式出入口，保证了流线的连贯性。

　　在自动扶梯布局上，河西金鹰世界结合中庭采用了剪刀梯，这也是百货常用的做法，但对购物中心来说，这样的布局会影响视线的通透性（图4-73）。三大主题中庭尽管较有特色，但中庭周边密集的柱子及装饰墙体都对店面产生了较大的遮挡，尤其是时间广场。

　　金鹰世界的室内消防设计也过于"扎眼"。频繁出现的消防门、消防卷帘严重破坏了内部空间的连续性，也降低了整个商业环境的品质。由此可见，项目在规划设计时考虑不周（图4-74）。

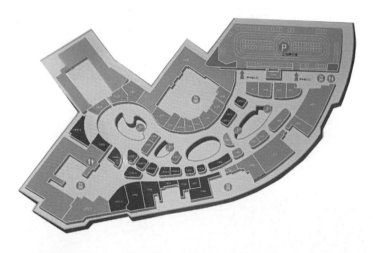

图 4-71　南京河西金鹰世界购物中心四层平面图（含中岛）

图 4-72　自营品牌书店 G · TAKAYA书店

图 4-73 店面遮挡较为严重的内部中庭设计

图 4-74 南京河西金鹰世界内部的消防设计

4.7 分割式购物中心

这里所说的"分割式购物中心"是指首层或包含首层的多层商业被道路分割的购物中心。一般来说，此类购物中心的产生由以下原因造成：

（1）先天用地条件限制　由于开发的地块是由若干小地块构成的，再加上前期规划的制约，购物中心在首层、甚至二层都被城市道路分割开来，而在二层或三层以上、地下则连为一体。

（2）早期消防规划限制　早期消防条例中对于消防车道的设置有特殊的要求，《建筑设计防火规范》（GBJ 16—1987）和《高层民用建筑设计防火规范》（GB 50045—1995）中曾对建筑的沿街展开面长度有所限制，如超过 160m 时，就需要设置贯穿建筑的消防通道。后来的新规范有所调整："街区内的道路应考虑消防车的通行，其道路中心线的距离不宜大于 160m。当建筑物沿街部分的长度大于 150m 或总长度大于 220m 时，应设置穿过建筑物的消防车道。当确有困难时，应设置环形消防车道。"（《建筑设计防火规范》GB 50016-2014，图 4-75）。

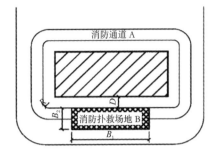

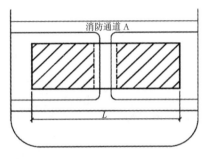

1）5m ≤ D ≤ 10m

2）R ≥ 12m

3）当 L > 150m（或总长度 > 220m）时，应设置消防通道 A

4）B_1 ≥ 15m；B_2 ≥ 10m

图 4-75　商业建筑消防规划

这意味着原先强行要求设置贯穿大型购物中心的消防车道，而把内部人流动线硬生生地打破了，在设置环形消防车道后，就可以避免这个严重问题。但早期确实有一大批购物中心因为消防规范而被分割。

商业动线对于购物中心如同流动的"血脉"，首层动线被阻断的购物中心对于未来的商业运营来说，还是有明显的先天缺陷。尤其是阻断的位置位于商业动线的中部，使得两边剩余的动线长度都比较短而窄，造成了商业氛围的中断。

若因拿地本身的规划问题造成了此类设计不可避免，那么如何消除这种问题所造成的影响，是值得研究和探讨的，这一点会在下文中具体阐述。

4.7.1 分类

分割型购物中心本身不算作一类购物中心，只是因为这类购物中心有着共同的问题而被归为一类。考察国内此类购物中心，大致可以分为三类：

（1）空中和地下强连接型　此类分割型购物中心尽管被城市道路分割成两个部分，但是地下与空中多层商业加强了联系，较好地削弱了首层商业割裂带来的不利影响。首层商业价值有所折损，但其余楼层的平层连接及多层设计提升了其余楼层的价值。上海虹口龙之梦购物中心就是一个较为典型的例子。其首层商业就被一条车道阻断，造成了高架一侧商业明显人气较差些（图4-76），好在其地理位置优越。地下二层与地铁 8 号线相连，形成了商业大平层（图4-77）；二层和三层又与轻轨 3 号线相连（图 4-78）；空中也有较强的联系连接两侧被割裂的商业，因此现在的商业运营还算比较成功，但如果在开始规划的时候，两侧商业在首层也能直接连通可能会运作得更好。

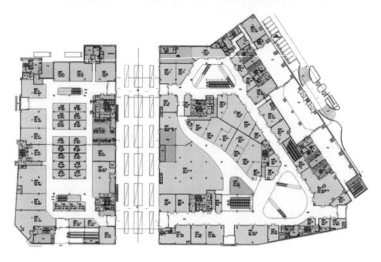

□　L1 层平面　建筑面积 16459m² 　业态：国际时尚服饰、咖啡厅

图 4-76　上海虹口龙之梦购物中心首层被车道割裂
（左上图：车道透视图；右上图：鸟瞰图；下图：首层平面图）

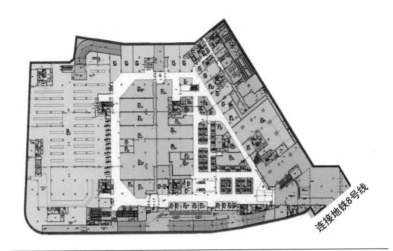

图 4-77 上海虹口龙之梦购
物中心地下二层平面图

□ B2 层平面　建筑面积 24382m² 业态：超市、特色集市、餐饮

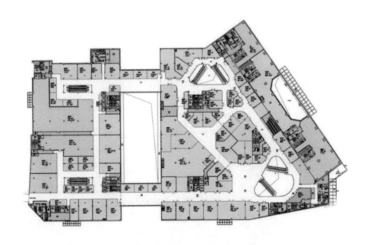

□ L2 层平面　建筑面积 16153m² 业态：流行品牌服饰及女装

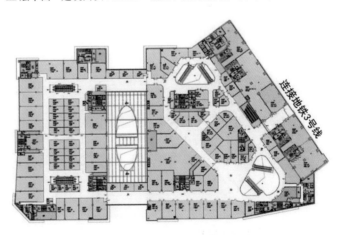

图 4-78 上海虹口龙之梦购
物中心地上二、三层平面图

□ L3 层平面　建筑面积 16482m² 业态：流行品牌服饰、女装及儿童服饰、玩具

159

（2）空中弱连接　空中弱连接是指两部分被切断的商业，在楼上某层用连廊连接，这种做法一般在分期的商业体上应用较多。典型案例有上海静安大悦城一、二期（图4-79），上海新天地购物中心一、二期等。这种弱连接的做法，给人感觉是两部分商业相对独立运作，在人流上可共享，但整体性上并不是很强。

（3）主次连接型　此类购物中心在分割的两个体量之间形成了主次之分，一般其中一个主要体量的动线长度相对比较理想，达到200~300m，另一个体量或是动线比较短，或是以一个主力店、集合店或外挂街区形式出现，天津南开大悦城、上海兴业太古汇可以算是比较典型的例子。上海兴业太古汇是被道路分割设计为室内购物中心和室外街区相结合的模式（图4-80），为了充分利用地铁人流，地下规划了两层商业，购物中心具有250m长的较为理想的动线长度，石门一路、南京西路交叉的主入口广场通过3部自动扶梯把人直接送到二层，形成了多首层的布局效果。位于两层的商业大平层将两个地块又无缝地连接在了一起。主次连接型的商业布局，被分割的道路往往被设定为落客区等功能，在布局上主次体量业态如果形成互补，往往会产生利大于弊的正面效果。

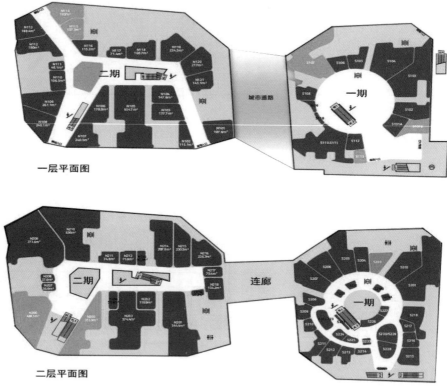

图4-79　上海大悦城（一、二期）一层与二层平面图

图 4-80　上海兴业太古汇内外街的结合

（上图：规划布局图；下图：鸟瞰图）

4.7.2　案例

1. 上海日月光中心

这里举同一个开发商的两个项目进行分析和对比。上海日月光中心位于打浦桥商圈，这个项目在上海以超长的圆环形动线（近 400m）著称，内部动线在刚开业时类似"迷魂阵"，且首层商业动线被断开好几处，使得室内的人流必须从室内外进进出出，体验感较差（见表 4-37）。

表 4-37　项目档案

开发商	日月光集团、上海鼎荣房地产开发有限公司	总建筑面积	约 30 万 m²（含办公）
商业面积	14.8 万 m²	开业时间	2010 年 9 月
投资 租金	50 亿元投资； 均价 40 元 /（m²·天）（2015 年）	停车位	100 个
项目定位	集百货、电子与餐饮于一体的一站式购物中心		
主力店	中服免税店、城市超市		
项目地址	上海市卢湾区徐家汇路 618 号		

（1）规划设计　地铁 9 号线的车站区间从项目下方穿过，因此上海日月光中心属于较为典型的"地铁上盖"项目，其地下二层直通地铁站，但由于布局的原因，地铁站出口位于日月光广场的中心，造成了人流直接从地下室来到地面，并且经广场而散失，并未流畅地被引导到地上的商业主动线内。中间的商业广场也是规划设计的一个败笔，被环形商业建筑硬生生围合在内，成了一个封闭的庭院（图 4-81），再加上周边建筑面对广场的界面在氛围上并不"友好"，

造成了这个理想中的商业广场实际变得冷冷清清。

首层的商业动线又被室外出入口打断，商业动线造成了断裂（图 4-82）。这些做法都在不同程度上影响了顾客的体验感。

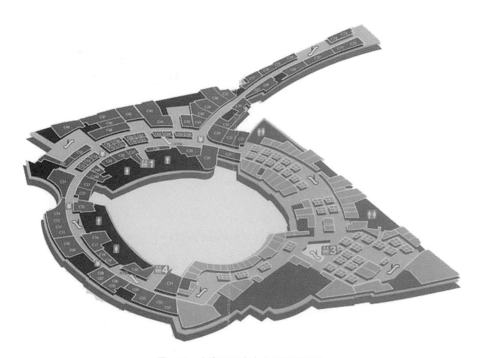

图 4-81　上海日月光中心二层平面图

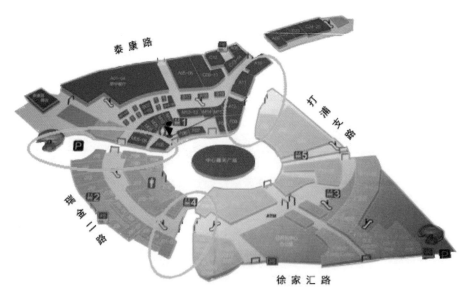

图 4-82　上海日月光中心首层平面图

规划设计基本信息见表 4-38。

表 4-38　规划设计基本信息

外部交通	区　位	城市核心商圈	商业动线特征	环形
	公交线路	10 条以上公交线	出入口数量	8 个以上
	地铁交通	4 号线、9 号线	广场数量	3 个广场（中心广场 7000m²）
	其　他	—	电梯数量	客梯 6 部

（2）业态特色　本项目业主日月光集团为我国台湾大型半导体制造服务公司之一，因此商场开业之初，以数码产品零售业态为定位。但随着电子商务及海外代购的兴起，数码产品实体店日益衰退，运营效益一直不佳。2013~2014年，打浦桥日月光中心进行了两次重大的业态调整，调整后成为餐饮业态占主导的商业体，其中餐饮占总量近 60%，精品零售约占 20%，休闲娱乐及教育约占 20%。从业态种类来看，打浦桥日月光中心的业态达到 16 种，仅比月星环球港少两种，而后者从业态丰富度来看，已堪比一个城市级商圈，由此可见日月光中心的业态之丰富性。

这一轮业态调整之所以获得成功，主要有两个方面的原因：一是精准地契合了项目的周边客群需求，二是该项目的先天条件。由于该项目毗邻泰康路田子坊，而田子坊是上海著名的文化旅游街区，具有超高的人气和客流量，调整后的日月光中心则正好与之优势互补，为游客提供了多样化的餐饮服务。

（3）商业效益　日月光中心在业态调整前尽管地理位置优越，但由于规划设计缺陷和业态定位偏差，人流量偏小，经营效益不佳。经过两轮调整，客流量提升了 1 倍，营业额上升了 90%，60% 的餐饮业对营业额的贡献也达到了60%。根据 2016 年的公开数据，首层和地下商业的租金为 30 元 /（m²·天），三楼在 15 元 /（m²·天）左右。目前该项目仍在优化调整中，未来可能会有更多的变化和提升。

（4）设计研究

1）业态弥补。日月光中心在前期规划设计上存在较多的缺陷，好在其在运营阶段通过业态的及时调整加以弥补，整个项目几乎被重新定位为一个美食广场，做足了美食主题。动线上的硬伤使得传统购物中心业态比例无法简单地复制到本项目上，而增加目的性消费业态恰好可以弥补这一不足，再加上项目本身优越的地理位置，使其重获新生。

2）后期改造。尽管业态调整到位了，但该项目在后来并未放弃改造提升，即使某些"先天不足"确实已成"硬伤"。

图 4-83　上海日月光中心内广场改造后商业界面

图 4-84　上海日月光中心改造后增加了空间节点

首先，细化了主题分区。原来的超长环状动线令人彻底迷失方向，经过调整后，日月光中心划分为三个分区，分别以周边道路命名——泰康路、瑞金区和徐家汇区，使得方向感大大提升了。这种做法类似另一个超大型购物中心——香港圆方，圆方也是一个巨大的环形动线，为了加强辨识性，采用了垂直方向主题分区的方法，以"金、木、水、火、土"分为五个区。

其次，改善了广场周边的商业界面（图 4-83）。在面向广场的二层位置，局部破墙设置了外摆，使得广场界面立刻生动起来，也提高了二层的出租率。

再次，对局部垂直交通进行了完善。比如，日月光中心加强了某些垂直客梯的可视性和可达性，增加了直达二层的自动扶梯等。

最后，在动线上增加了节点空间（图 4-84）。对动线的弥补主要是在其中增加了节点空间，使得单调的循环动线具有了节奏和变化，节点空间也可以灵活用于活动场地，以吸引人气。

2. 上海徐汇日月光中心

再来看同一个开发商的另一个项目——徐汇日月光中心。与前一个日月光中心有些相似之处，本项目也是主打餐饮业态，但不同的是，前一个项目属于动线规划等先天不足情况下的"自救"选择，而这个项目则是主动定位于餐饮、娱乐为主的社交型商业中心，以吸引年轻消费者，现在已成为上海又一个时尚潮玩地标（见表 4-39）。

表 4-39　项目档案

开发商	日月光集团	总建筑面积	13 万 m²
商业出租面积	8 万 m²	开业时间	2017 年 12 月
投资金额	28 亿元	停车位	500 个
项目定位	以餐饮、娱乐、文创为主的社交型购物中心		
主力店	新华书店、上影影城、CITYSHOP 超市、主题式 KTV 星聚会、威尔仕健身		
项目地址	上海市漕宝路 33 号		

（1）规划设计

1）街区 +MALL。不同于其他商场，徐江日月光中心在空间布局上采用了首层街区 + 二层以上购物中心的模式。首层并不封闭，而是打开的，营造了城市街道的感觉。在中间形成一个半开放的商业内院，用炫目的霓虹灯光和极富商业氛围的店招环绕四周，配合飞天梯、观光梯等元素，营造了一个极具渲染力的高潮空间。以中心广场为核心，日月光首层共打造了两条特色风情街，分别为酒吧一条街和十字步行街区，再加上地下的上海滩经典小吃街，3条风情街成了吸引人气的三大聚点。尤其是十字步行街区，尽管在首层对项目进行了切割，但营造的氛围却很有特色。不同于前一个日月光中心项目，由于外中庭尺度规划合理，天幕顶棚的覆盖，再加上地下、空中商业的强连接，使得这个首层商业被分割的项目反而非常成功（图 4-85）。

2）办公、商业整合空间。徐汇日月光中心整个商场地下有 3 层，地上有 9 层。其中地上商业仅到四层，五层以上配套设置了商务办公功能。这种组合模式使得商业和办公联结更为紧密，尽管办公总面积相对商业来说较少，但其作为商业客流的自身补充，使得项目内部价值最大化。特别为"夜猫子"及潮人们打造的酒吧一条街是个开放式的商业街区，与年轻商

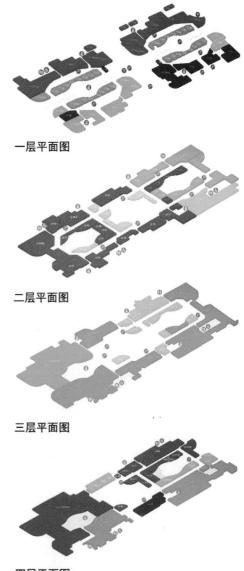

一层平面图

二层平面图

三层平面图

四层平面图

图 4-85　徐汇日月光中心地上各层商业平面图

务人群定位相匹配。

规划设计基本信息见表 4-40。

表 4-40　规划设计基本信息

	区位	城市非核心商圈	商业动线特征	环形动线
外部交通	公交线路	10 条以上公交线	出入口数量	十字街 4 个入口
	地铁交通	地铁 1 号线及 12 号线	广场数量	3 个开放式商业内院广场
	其他	毗邻光大会展中心	电梯数量	7 处自动扶梯，4 处垂直客梯

（2）特色业态　徐汇日月光中心从业态定位来说，主打"餐饮集聚地"和"酒吧街"概念，除了极少数的零售品牌外，美食是主力，另外再配合一些亲子文创和娱乐业态。这种取消服饰零售的做法，一方面是为了与周边商业形成错位竞争，另一方面也是为了应对日益兴盛的电商和网络消费，只是日月光中心做得更为极致。据统计，徐汇日月光中心共有约 230 个品牌，餐饮占比达 60%。首层就引入了大量的美食、餐饮业态，还有一条延长夜间消费时间的酒吧街，只是酒吧街的位置相对隐蔽了一些。二层则在餐饮基础上增加了文创业态，三层有大面积的亲子教育业态，四层则以健身、娱乐、生活服务为主，从业态布局可以看出商业定位颇为务实（见表 4-41）。

表 4-41　徐汇日月光中心各层业态布局

楼层	业态
L4	电影院、游艺世界、美食广场、美容美发、齿科、健身中心
L3	KTV、亲子育乐、儿童零售、甜品
L2	餐饮、甜品、时尚生活、文创体验、书局
L1	酒吧街、咖啡轻餐、时尚生活、数码、饕餮小食
B1	餐饮、时尚生活
B2	超市、餐饮、伴手礼、上海老字号、时尚生活

（3）商业效益　徐汇日月光中心在开业当日，商场内品牌开业率超 90%，大量的餐饮品牌及部分首次进驻上海的餐厅使得该项目极富号召力，再加上亲子娱乐的业态，使其能充分挖掘周边居民和白领客流潜力。当然，该项目在餐饮业态上也动了不少脑筋，比如引入拉动夜间消费的酒吧街，并把夜生活主题尽可能放大，打造如我国香港湾仔等不夜街区的生活氛围，吸引了大量年轻白领，是一个非常有意思的尝试。但这种"轻零售"和"重餐饮"的极致做法，在对抗电商的成效方面还需时间的检验。

（4）设计研究

1）内外空间结合。徐汇日月光中心将公共空间、中庭空间全部做到室外（图4-86），而室内则以走道串接起坪效最高的店铺，且每一楼层采用一个相对明确的主题，这种做法颠覆了传统购物中心的空间模式，但又非常适合餐饮这种业态模式，似乎是为美食主题而量身定做的。从这点来看，其业态与空间形态的结合是做得比较成功的，但这种模式显然不适合零售类业态的布局。

图 4-86　上海徐汇日月光中心的室外中庭空间

2）店招设计。徐汇日月光中心店招的霓虹灯设计非常有特色，把上海和香港的城市夜生活主题淋漓尽致地发挥出来，让人仿佛回到了上海的二三十年代，抑或是来到了香港湾仔、台北夜市等颇负盛名的夜生活街区。高低错落、五彩斑斓的商业招牌使得人在整个商业广场中分不清白天、黑夜。原来看起来有点狭小拥挤的中庭空间也有了另一番风韵。店招设计与内庭院钢结构天幕造型也

图 4-87　上海徐汇日月光中心富有特色的霓虹灯与立式店招

比较和谐，尽管从中庭周边的商业立面来看略显简单，但丰富的立式广告位使得原本平凡的设计一下子有了亮点和活力（图 4-87）。

4.8　生活方式购物中心

有一类购物中心有一个特殊定义——生活方式购物中心，最早起源于美国。1987 年，美国的社区底层商铺开发商 Poag 设计了一种新的购物中心模式，它将 MALL 的专卖店和开放的底层商铺相结合，"Saddle Creek"应运而生。这种购物中心突出强调了休闲服务，其环境氛围迎合了高收入群体的口味。1987~1995 年，全美只发展了 35 家。1996 年后，生活方式购物中心逐渐推广并迅速发展起来。美国对于生活方式购物中心的定义包含以下几个要点：其一，必须是开放式的空间，而不是摩尔购物中心式的大盒子；其二，停车要方便，很多生活方式购物中心提供就近的地面停车位；其三，从规模上来说，生活方式购物中心面积通常在 1.5 万 ~5 万 m^2；其四，一般定位于富裕阶层，主要吸引的是 25~49 岁的中高收入人群；其五，从业态来说，相对于一般的摩尔购物中心而言，生活方式购物中心的零售比例偏低，餐饮、娱乐比例则有所增加。

生活方式购物中心的兴起与人们越来越追求个体价值认同和新的生活方式有关。人们开始以生活方式划分不同的群体，或者更具体地说，是以休闲兴趣来划分，如"我是极限运动爱好者"、"我喜欢户外探险"，等等。基于这种生活方式的改变，互动型的零售店在日趋激烈的商业竞争环境中脱颖而出，原因在于其满足了具有特定生活方式的人们的需求——比起对某类商品的关注，他们更关注的是某类顾客。商场越来越注重休闲和体验氛围，这些变化导致生活方式零售业方兴未艾。

许多生活方式购物中心都不包含大型主力店，如大百货店、大型超市、专业卖品店等。取而代之的，是一群满足目标顾客生活方式取向的专卖店，此类专卖店虽然没有传统百货店那种"五脏俱全"的内容，但更崇尚时尚，也更注重娱乐性和体验性。例如，类似 Starbucks、Costa 等的品牌咖啡店里除了出售咖啡外，还向顾客销售贴有私人标识的咖啡壶、咖啡杯、CD 以及热水玻璃瓶，目的在于向其高端的目的市场销售"咖啡饮者"的生活方式，而不仅仅是卖咖啡。还有些服饰店会向顾客提供定制服务及限量版、个性版衣服的销售，快餐店里会设置儿童角，音乐书籍店里则举办现场演奏、定期开设讲座等，也是同样的目的。某些零售店还把课程体验也融入产品销售中，如化妆品店定期举办美容技术指导、衣着与妆容搭配技巧培训，等等。

总之，零售店充当了大众生活"顾问"的角色，从而把一种时尚生活方式的理念和知识潜移默化地传达给了顾客。换句话说，这些商户成了高品质、舒适、休闲生活的代言者。

4.8.1　特点

生活方式购物中心与一般的购物中心不同，在业态上更强调娱乐、购物、餐饮的有机结合，突出体验性和娱乐性是其基本特点。

娱乐性业态中最为典型的是多厅影院，影院不断上映的新片及丰富的选择是保证访客较高的重游率的原因之一。另外，游乐场、运动场以及文化教育设施（如艺术馆、博物馆等）也都是为项目增加娱乐性和强化访客体验的手段。多厅影院和其他这些娱乐要素除了增加游客重访的机会外，另一贡献在于它们取代了主力百货担当起了顾客行为的诱导者的角色，并支撑起商业中心晚间的活动路线。

除了这些娱乐性业态外，更多的零售店也因为加入了餐饮和娱乐要素而变得更为独特，如市场上涌现出来的产品展示商店——耐克城商店、索尼时尚店，休闲导向的类别杀手零售店，等等。类别杀手零售店提供了一系列的品牌休闲商品，如图书、音乐唱片及运动商品，也经常被称为"大书店"、"大音乐店"，或者"超级商店"。这些巨型零售店不断地为顾客创造新型的、舒适的、超越单纯购物的店内体验，它们的出现反映了当前生活方式零售的发展潮流。比如，波尔多斯书籍音乐店就在提供书籍、音乐唱片商品的同时，也设置了咖啡吧来提供简餐，组织爵士乐进行现场表演等；同样，我国台湾的诚品书店的业态模式和室内布局，也体现了这样一种有机融合娱乐和餐饮要素的零售店发展方向（图4-88）。

图 4-88　台湾诚品书店内设计的公众讲堂

除了娱乐主力店外，还有两类娱乐形式也经常出现。一类称为"环境娱乐"，是指生活方式购物中心定期举办的一些表演，如艺人表演、时装展示、艺术活动等。这些活动不同于封闭式的摩尔购物中心每逢节假日搞的促销、打折等活动，它们体现的是时尚和流行品味。另一种称为"即兴娱乐"，同时也是"即兴消费"，如旋转木马、攀岩等，鼓励游客一时兴致所至来参与体验。参与活动的游客既是亲身体验者，也是被观看者——不参加活动的游客也可以通过观看他人玩乐而获得间接体验。

图 4-89　The Grove 购物中心——从停车楼眺望中央水景广场

图 4-90　The Grove 购物中心铺设了电车车轨的街道

由于生活方式购物中心的公共空间是开放的，因而它更注重户外景观的设计，如采用富有特色的广场和街道界面、独特的喷泉设计等。位于美国洛杉矶的 The　Grove 购物中心就是这样一个典型的生活方式中心。它于 2002 年开业，总出租面积约为 575000ft^2（约合 53419.25m^2）。The　Grove 购物中心以零售、餐饮、娱乐业态为主，同时与一个传统的农贸市场（Farmers　Market）靠近。该生活方式购物中心的设计令人联想起 20 世纪 30~40 年代洛杉矶的林荫街道，它拥有一个开阔的中央草坪广场，砖铺的步行街道和音乐喷泉，甚至街道上还铺设了一条电车车轨，每天都有接送游客往返于 The Grove 购物中心到农贸市场的多个车次（图 4-89、图 4-90）。

4.8.2　中美比较

随着国内居民人均收入水平的提升，上海、北京、广州等城市已经开始向中等发达城市迈进。在此背景下，生活方式购物中心也开始被逐步引入国内。从国内生活方式购物中心的发展来看，纯美式生活方式购物中心比较少，而是常与其他类型物业混合在一起。另外，部分号称为生活方式购物中心的项目还采用了租售并举的方式，这给后期管理带来了较大的难度。美式生活方式购物中心具有以下几个关键要点：

1）高端商业代表。

2）避免以大型百货为主力店。

3）强调以餐饮和娱乐为代表的休闲娱乐业态。

4）与地面停车场或停车楼紧邻。

5）景观设计作为诠释"体验感"的重要手段。

国内生活方式购物中心在发展中要做出特色，发挥其优势，应在业态规划、景观设计、品质控制等方面着力。

4.8.3 案例

1. 北京 SOLANA 蓝色港湾

北京 SOLANA 蓝色港湾项目位于朝阳公园西北湖岸，是一个约为 15 万 m^2 的大型生活方式购物公园，由 19 栋 2~3 层欧式风格建筑组成，由一个购物中心、儿童城、品牌街、酒吧街、美食街以及中央广场等不同功能区域构成（图 4-91），是一个比较有特点的混搭了生活方式与购物中心的商业项目。蓝色港湾借助其三面环水的景观优势及坐落于高端商业区的位置优势，打造了一个购物旅游休闲目的地（图 4-92，见表 4-42）。

图 4-91　北京 SOLANA 蓝色港湾功能区域构成图

表 4-42　项目档案

开发商	北京蓝色港湾置业有限公司	总建筑面积	15 万 m^2（商业）
占地面积	13 万 m^2	开业时间	2008.6
投资金额	—	停车位	地上 1300 个；地下 800 个
项目定位	以高档消费人群为目标客群的中高端生活方式购物公园		
主力店	传奇时代影城、全明星滑冰场、BHG 精品超市		
项目地址	北京市朝阳区朝阳公园路 6 号		

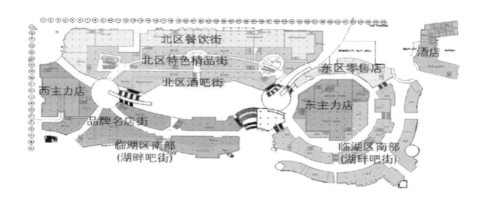

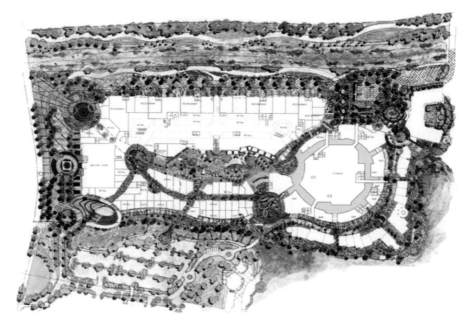

图 4-92 北京 SOLANA 蓝色港湾商业平面及景观布局图

（1）规划设计

1）注重环境体验。北京 SOLANA 蓝色港湾定位于生活方式购物中心，充分利用了其独特的环境资源，打造了一个具有露天开放环境的休闲购物目的地。比如，其整体风格取材于地中海式风格。从布局来看，以中央广场为核心，楼与楼之间通过天桥、小型广场、室内商场、风雨廊内街串联，形成了一个连续的游逛路线。在中央广场，通过主题喷泉、水景等景观吸引客流（图 4-93）。蓝色港湾 24h 营业，因此其夜景也极具魅力。它使用 LED 灯光、灯饰等将公园树木、欧式建筑、湖面景色结合起来，将商业活动与灯光环境相融合，灯光璀璨，宛若童话世界。蓝色港湾自开业以来，每年冬季都举办北京灯光节，现在已成为京城夜生活的一大热点（图 4-94）。

图 4-93　北京 SOLANA 蓝色港
湾主题喷泉

图 4-94　北京 SOLANA 蓝色港
湾夜景灯光秀

图 4-95 北京 SOLANA 蓝色港湾地面停车场布局

2）方便的停车布局。蓝色港湾在停车布局方面沿袭了生活方式购物中心的模式，除了地下停车场外，还布局了几处地面停车位，地上停车位数量多达1300个，并与商业主要出入口就近连接（图 4-95）。

（2）业态特色 蓝色港湾项目按照不同的区位将商业功能划分为美瑞时尚百货、活力城主题店、品牌街、亮码头酒吧街、亮马食街、中央广场等区域，包含了餐饮、儿童品牌、临水酒吧、传奇时代影城、全明星滑冰俱乐部、BHG 精品超市等多种业态。其中餐饮和儿童业态为其两大特色。左岸美食街把美食与湖畔美景相结合，大大地提升了项目吸引力。蓝色港湾儿童城作为一大主题区，则是北京体量最大、业态最丰富的一站式儿童成长体验地，包含有服饰、食品、玩具、早教、游乐、餐饮、运动体验等多种业态。除此之外，蓝色港湾还引入了阿迪达斯、耐克等运动品牌旗舰店或概念店。其中品牌街就是以"潮·运动"为主题，打造了一个健康时尚潮流的商业交流平台。为了提升项目的文化要素和氛围，蓝色港湾又引入了西西弗书店等文创品牌。

蓝色港湾的业态并非一蹴而就，其在 8 年时间（截至 2016 年）内调整了三轮，进一步强化了餐饮、儿童等业态。目前，蓝色港湾在各业态中，餐饮占比为 41%，儿童和亲子占比为 35%，零售占比为 12%，生活服务占比为 10%，休闲娱乐占比为 2%。

规划设计基本信息见表 4-43。

表 4-43　规划设计基本信息

外部交通	区位	CBD、燕莎、丽都三大商圈交汇处	商业动线特征	8 字形
	公交线路	23 条以上	出入口数量	7 个（首层）
	地铁交通	地铁 10 号线、14 号线	主题分区	6 个（商街、亮马食街、中央广场、左岸、活力城、SOLNAN MALL）
	其他	东三环、东四环、机场高速路、发展南路环绕	电梯数量	客梯 8 部、货梯 7 部、观光梯 1 部、扶梯 34 部

（3）商业效益　经过三轮业态调整，蓝色港湾的业绩有了较大幅度的增长。据统计，2016年总业绩为22亿元，同比增长了10%，客流增加了20%，租金收入增幅近8%。可见，就量化而言，整个业态调整取得了较大的成效。

（4）设计研究

1）复杂的商业动线。蓝色港湾的动线是一个复杂的"8"字形动线，尽管中央广场位置清晰而明确，对于增强游客的方向感具有很大的作用，但由于项目本身占地面积大，动线复杂，使得项目部分区位人流较为稀少，出现了较为明显的"冷热不均"的现象。例如，其临湖商业和儿童城三楼的露天步行街等区域的人气并不旺。可见，过于复杂的商业动线对于店铺的可达性和均好性有较大的负面影响，应该在规划和设计时尽量加以避免。

2）项目的团队合作。蓝色港湾作为一个重视体验感的生活方式购物公园，整个项目的规划设计采用了典型的团队合作方式，这种团队合作方式对于成就一个成功的项目至关重要。

①商业顾问：世邦魏理仕。

②商业策划及市场顾问：加拿大托马斯（THoMAS）顾问公司。

③酒店管理：新加坡悦榕酒店管理集团 Banyan Tree Group。

④建筑规划与园林景观设计：美国捷得（Jerde）国际建筑事务所。

⑤建筑规划：美国 Five Design Group 公司（FDG）。

⑥景观设计：泛亚国际。

⑦水景设计：FLUIDITY DESIGN CONSULTANTA。

⑧灯光设计：美国专业灯光设计公司 Kaplan Gehring Mccaroll（KGM）。

⑨标识系统及环境设计：美国著名标识及环境设计公司 Selbert Perkins Design（SPD）。

2. 瑞安虹桥新天地

瑞安虹桥新天地是整个瑞安虹桥天地的一个组成部分，新天地是开放式街区商业，后者还包括了 The HUB 购物中心和一座演艺中心（图4-96）。新天地位于项目的北侧，是办公、酒店和生活方式商业的混合体，与南侧的购物中心和演艺中心被中央城市绿化带分割。虹桥天地整个项目位于大虹桥枢纽站核心区中轴线上，是唯一直接与枢纽地面、地下双层连通的大型商业项目（见表4-44）。

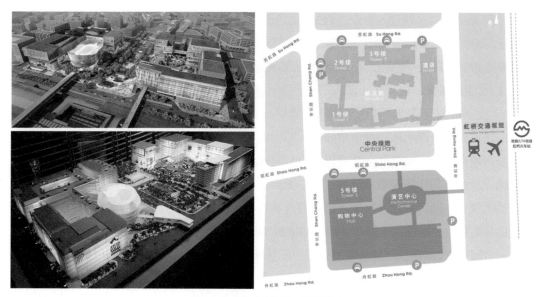

图 4-96　上海瑞安虹桥天地总体布局

表 4-44　项目档案[一]

开发商	香港瑞安集团	总建筑面积	38 万 m²
商业面积	12.8 万 m²（其中街区商业约为 17 万 m²，购物中心约为 11 万 m²）	开业时间	2015 年 9 月
投资金额	80 亿元	停车位	地下 1120 个；地上 15 个
项目定位	与虹桥交通枢纽直接相连的一站式新生活中心		
主力店	演艺中心、远程值机大厅、英皇 UA 影院、言几又创新文化生活一体店（均设在南区）		
项目地址	虹桥商务区 06 地块（上海市闵行区申长路 688 号）		

（1）规划设计

1）地下商业连接体。虹桥新天地街区作为虹桥天地的一个组成部分，其与购物中心、演艺中心在地面上被城市道路和绿化带隔断，但在地下二层却连为一体，成为一个与高铁站互通有无的商业大平层。这个商业平层一直延伸到街区内部，形成了下沉式广场，所有商铺面向广场打开，使得地下一、二层商业也具有了地面的体验感（图 4-97）。

　　○ 项目档案数据是根据整个瑞安虹桥天地项目，而不仅仅是北区"新天地"部分。

2）灵活的户外空间。虹桥新天地街区整体上给人的感觉像一个层层叠叠的公园。暖色调的建筑风格看起来较为朴实，掩映在城市公园中。不同于一般的街区式商业，它的连廊丰富多彩，有些与平台、台阶相结合，增加了游客漫步探索的乐趣。一些空中街道妙趣横生，又具有老城厢的尺度，让人倍感亲切。这是真正宛若公园一般的商业体。人们来这里与其说是购物，不如说是来交友、散步、放松心情的。许多二层以上的店铺都自带户外平台，平台上随处可见的散座，充满了休闲、浪漫的氛围（图4-98）。

整个项目对于空间尺度的把握、色彩和材质的运用都非常用心。从连接地下二层到地下一层的一段大台阶处理就可见一斑。不同于一般的楼梯做法，这个台阶非常缓，且每隔三级就有一段休息平台，两侧又有绿化、水景，吸引着人流往上走。建筑的色彩也是暖中略带跳跃和变化，与绿化配景较为和谐，尽管材料看起来有点过于朴实，但亲切宜人的感觉还是表达出来了（图4-99）。

规划设计基本信息见表4-45。

图 4-97　瑞安虹桥新天地街区下沉式广场

图 4-98　瑞安虹桥新天地二层以上店铺自带平台

图 4-99　瑞安虹桥新天地大台阶景观设计

表 4-45　规划设计基本信息（仅新天地街区）

地铁交通	区位	虹桥核心商务区	商业动线	街区式
	公交线路	5 个公交站	出入口数量	4 个地面出入口+B2 层入口
	地铁交通	5 条地铁线	广场数量	1 个中央广场
	其他	离高铁站 2min 步行，离虹桥机场 9min 步行，8min 可到国家会展中心	电梯数量	17 部自动扶梯

（2）特色业态　虹桥天地目前的主要客源是商务人群和旅客，未来还会承接周边的居住人口，甚至市区的周末休闲人群。从目前来看，餐饮占有较大比例。整个虹桥天地的业态比例为：餐饮∶零售∶文化∶亲子∶娱乐∶休闲=44∶14∶9∶12∶16∶5。新天地街区中除了少量门店给了汇丰银行、招商银行、瑞卡兹健身、全家便利店外，剩下的全为餐饮店，共计 26 家。

图 4-100　瑞安虹桥新天地街区上部办公

（3）商业效益　瑞安虹桥天地是周边唯一一个与虹桥交通枢纽直接相连的一站式新生活中心。得益于这样得天独厚的位置优势，该项目具有很强的吸客力，再加上其地下二层商业与枢纽站直接打通，使得人们不知不觉中便被引导过来。虹桥天地又把办公和酒店功能植入街区中（图 4-100），首创了"展示办公"、"远程值机"等商业模式，使其除对旅客外，对于商务人群、会展人群也具有很强的吸引力。据虹桥天地运营方提供的数据，开业一周年以来，整个虹桥天地工作日接待客流量达 3 万 ~4 万人次，周末则提升为 5 万 ~6 万人次，比周边其他商业物业都更胜一筹。难能可贵的是，为了更精准地吸引目标客群，从 2015 年到 2016 年最初一年中，虹桥天地在业态布局、品牌更新方面做了很多工作，很多品牌在一年后被撤换，可见其商业调整的力度和速度，再加上丰富的市场活动如 SAVOUR 美食节、天地世界音乐节等，大大提升了人流量和销售额。

（4）设计研究

1）业态互补与整合。虹桥天地是购物中心、生活方式商业街区、演艺中心"三位一体"的综合项目，无论在业态组合还是空间形态方面都形成了互补关系。对生活方式商业街区自身来说，规模不大，仅 1 万多 m²，业态也较为单一，以餐饮为主。但其与办公、酒店、购物中心、独立演艺中心的组合，成了涵盖餐饮、亲子、生活方式、娱乐的购物休闲目的地。各物业面积比例为：商业：办公：酒店：演艺中心：其他（地下）=33：26：12：3：26。对于这种与轨交相连的商业综合体，从业态组合的选择来看，本项目具有一定的借鉴价值。

2）富有体验感的商业动线。瑞安虹桥天地街区定位于高端餐饮生活方式中心，因此其商业动线及景观设计都充分体现了休闲轻松的氛围。商业动线也与一般的商业项目不同，除了下沉式中央广场是提示方向的核心外，动线设计略显复杂，但不失特色和体验感。地下二层与虹桥交通枢纽、南区购物中心相通，下沉式广场作为核心与各店铺相连；地下一层则以一条环形动线为主，与地下二层和地面层均有多个入口相通；首层也是环形动线，且与落客点就近连接，二、三层则采用连廊形式在相邻楼栋之间形成连接（图4-101）。结合如此丰富的商业动线，景观设计渗透其中。散步小径与水景相搭配，形成了移步换景的效果。

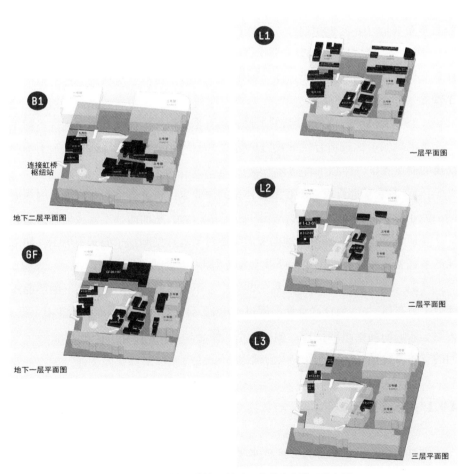

图4-101　瑞安虹桥新天地街区各层商业平面示意图

4.9 垂直型购物中心

4.9.1 特点

在城市高密度环境中出现了这样一类购物中心，它把一般购物中心水平延展的平面转化为密集的竖向发展模式。这种商业层数往往达到地上八九层甚至十几层，在中国香港、日本东京等高密度城市中较为普遍，内地也有此类垂直化发展的购物中心，但一般在7层到10层为多，超过10层的较为少见。

垂直型购物中心的规划设计难点在于，如何将人流引导到高层区，提高高层区的商业价值。一般垂直型购物中心会在以下方面区别于一般的购物中心：

（1）业态布局　为了把人流引向高层区，在业态布局上会更注重餐饮和娱乐业态的布置，如香港19层的MegaBox购物中心，就在十一层设置了全港最大的溜冰场Mega-Ice，十二楼设置了全港首个IMAX影院。

（2）多层面的交通接驳　对于拥有不同层面接入不同交通方式的购物中心而言，往空中发展更有优势，如不同标高的地铁、轻轨站的接入，设置高层停车楼等。

（3）地形变化　地形复杂的项目，具有垂直向发展的"先天基因"，如重庆、香港等城市比较适合发展垂直型购物中心，其不同的地形标高决定了不同高度的商业入口，即意味着拥有了多个"首层"。

（4）复合功能开发　城市综合体中的商业也往往适合垂直化发展，因为不同功能业态可以在布局中考虑从不同层面导入人流，从而激活不同楼面的商业。

（5）快速垂直交通　快速的竖向交通对于垂直型购物中心必不可少。如常见的垂直观光梯、飞天梯等，可以大大强化高层区商业的可达性。

（6）多中庭布局　垂直发展的购物中心不适宜采用"一通到底"的层叠式商业中庭布局，一方面这样会使空间过于单调，另一方面高层区商业往往不可见，影响了人们向高区逛的欲望。相反，不同形态、不同高度的中庭布局会强化人们的空间体验感，且较易吸引人们抵达高区。

4.9.2 分类

垂直型购物中心从垂直方向或水平方向发展的组合来看，大致可以分为以下两种：

（1）垂直式　纯垂直式购物中心往往是由于用地规模小的原因造成的，该类购物中心几乎没有水平延伸的可能，垂直向上地跨越了十几层。如日本的涩谷之光，就是一个占地面积极小的竖向复合商业综合体（图4-102）。涩谷之光占地面积仅9640m²，建筑面积达144000m²，其中地下三层到地上七层为商业，商业因为标准层过小，采用了类似百货的开放式布局；八层为文化创意业态，九层为会议功能，十层为剧院及空中客厅，再往上十八层至三十四层为办公。位于十层的空中客厅设置了办公门厅、餐饮及音乐厅门厅，另外还有大型玻璃幕墙面向城市，使这里也成了城市观景空间。

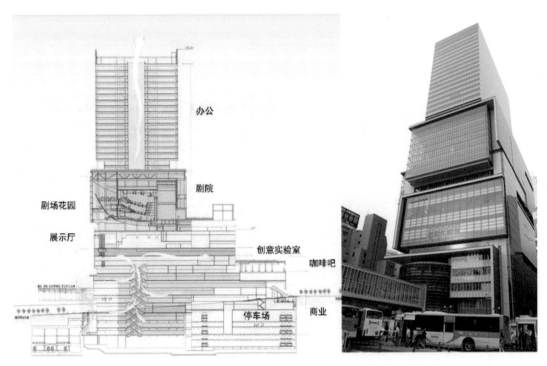

图4-102　日本涩谷之光
（左图：剖面示意图；右图：透视图）

（2）垂直+水平式　"垂直+水平式"购物中心同时在水平方向和垂直方向发展，一般都具有较大的规模，可发展为大型甚至巨型购物中心，如上海的正大广场、南京河西金鹰世界等。这种购物中心在规划时，要注意交通动线的立体化规划以及创造多首层的方式。例如，正大广场三层的斜坡式步行街设计，在此创造了一个新的首层，从而提高了三、四层的租金水平（图4-103）。

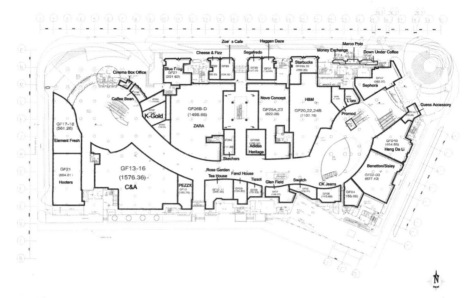

图 4-103　上海正大广场内部斜坡式步行街

（上图：正大广场首层平面图；下图：正大广场斜坡式步行街透视场景）

4.9.3　案例

1. 香港朗豪坊（Langham Place）

　　香港朗豪坊是高达 15 层的垂直型购物中心，占地面积仅 12000m²，但容积率却超过 14。项目业态选择经历了 5 个方案的调改，时间跨度近 10 年，最后选择了 60 万 ft²（约合 55741.82m²）的商场 +59 层甲级办公 +42 层五星级酒店的物业组合形态。项目规划横跨了两个窄长的街区，其中朗豪酒店和相关配套设施位于西侧，15 层的超大型购物中心及 225m 高的办公大楼位于临弥敦道的东侧，这里紧邻地铁出入口。朗豪坊把原先老旧的沿街商铺转化为垂直型购物中心，是城市旧区"活化"的典型案例（见表 4-46）。

表 4-46　项目档案

开发商	市区重建局与鹰君集团合作开发	总建筑面积	16.7 万 m²
商业面积	6.7 万 m²	开业时间	2004 年 10 月
投资金额	收购土地 40 亿港币，建筑费用 50 亿港币	停车位	250 个（位于 B3 层）
项目定位	集购物、餐饮、娱乐于一体的大型购物中心，以年轻时尚为主要定位		
主力店	西武百货、超市 Market Place、UA 戏院		
项目地址	香港旺角亚皆老街 8 号		

（1）规划设计

1）城市综合功能的融入。香港朗豪坊是一个老城区再开发的案例，从投资和规划主体来看，采用了公私合作的方式，即由市区重建局与鹰君集团合作开发。前期调研及论证规划就长达 10 年之久，最终项目以商业、办公、星级酒店功能为主，并融入了许多城市功能（图 4-104）。从商业、办公、酒店"三位一体"的功能组合模式来看，三者形成了一个稳定的内部消费链。

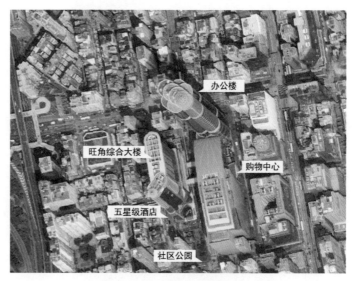

图 4-104　香港朗豪坊主要物业构成

除了地下二层与地铁站直接接驳外，这里还包括 1100m² 的城市公共空间，一个小型巴士站，一个包括熟食中心以及社区中心的室内空间供周边居民使用。城市功能的植入及空间利用的高度集约化使得项目极具震撼力和吸引力。

2）特色空间设计。朗豪坊的商业在垂直向上有多个中庭空间，其中最有特色的莫过于位于四层的"空中"大堂了。这个大堂是购物中心顾客、酒店客人及办公人员的主要交汇处，同时也是一个富有空间魅力的"城市客厅"。朗豪坊购物中心的设计概念是"岩石峡谷"，设计师在营造这个概念主题时采用

图 4-105　空中大堂

了"先抑后扬"的手法，在超尺度的岩石面正中打开一个入口，人们从裂隙中进入，通过自动扶梯到达一个令人豁然开朗的近 60m 高的空中大堂，这个大堂是项目的"灵魂"空间（图 4-105），它的体验要素有以下几个方面：

①美食广场：美食广场的设置使该中庭有了户外城市广场的感觉。

②通天电梯："通天"自动扶梯把人流直送到商场八楼，成为大堂中的一个"独特景观"。

③艺术品"金属树"（Metal Tree）：大堂中设置的金属树状雕塑，原本是内藏消防设备及冷气出风位的环保设施。

④大型玻璃幕墙：空中大堂两侧为大型玻璃幕墙，引入大量自然光线，并与城市外部环境融为一体。

规划设计基本信息见表 4-47。

表 4-47　规划设计基本信息

	区位	城市核心商圈	商业动线特征	一字形 + 螺旋形
外部交通	公交线路	7 个公交站，2 个迷你巴士站	出入口数量	4 个（首层）
	地铁交通	荃湾线旺角站上盖	中庭数量	6 个主中庭
	其他	设小型公交站，2 处出租车落客点	电梯数量	6 部垂直电梯，40 部自动扶梯（含 2 组飞天梯）

（2）特色业态　朗豪坊购物中心在地上、地下共计 15 层，采用了分区主题设计（见表 4-48）。

可见，朗豪坊购物中心基本上是以娱乐、餐饮被布局在最高层来拉动人流，年轻时尚的业态也基本上位于高层区，业态组合与主题分区相配合，业态种类较为丰富。

表 4-48 朗豪坊购物中心的分区主题设计

	层数	主题	业态 / 品牌
1	L13	Sky Terrace 顶级享受 （娱乐专区）	特色餐厅 / 酒吧
	L12		
2	L11	Spiral 螺旋回廊 （年轻时尚）	本地原创品牌 / 电影院
	L10		
	L9		
	L8		
3	L7	Rock Bottom 运动与时尚	运动服饰 / 潮流服饰
	L6		
	L5		
4	L4	Food Gorge 美食天地 （空中大堂）	美食广场
5	L3	Street 大牌商业街 （百货 / 专卖）	时尚服饰 / 美容专层 / 国际品牌
	L2		
	L1		
6	B1	Underground 地下商业街 （地铁商业）	鞋履专区 / 超级市场 / 特色食品
	B2		

（3）商业效益　尽管朗豪坊购物中心的公共空间面积占比较高，占商业总建筑面积约 37.9%，但其带来的良好的空间品质和体验感是有目共睹的。朗豪坊购物中心从租金收益来看，租金在香港购物中心中排在前 20 强。据统计，其2015 年租金收入为 6.3 亿元人民币（折合），其商业的整体坪效还是比较高的。

（4）设计研究

1）多层次动线和中庭设计。香港朗豪坊购物中心为吸引客流到达每一层，在动线设计和中庭空间布局上都很有特色，对于此类垂直型购物中心设计也有一定的借鉴价值（图 4-106、图 4-107、图 4-108）。从空间模式来看，基本可以分为三个层次：

一区 B2-L3：较为普通的购物中心空间模式，采用了中庭 + 走廊的模式。

二区 L4-L7：以边庭、广场和开放式餐饮区为主。

三区 L8-L13：以中庭、螺旋状购物走廊、小型广场空间为主。

在上述二区和三区分别用两组飞天梯将顾客送到高层区，使顾客可以从高层往低层逐级而下，浏览各层商铺（图 4-109）。螺旋状走廊模糊了商业层高，宽度也多为 3m，配合年轻时尚小店，尺度非常适宜。

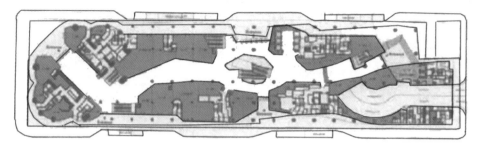

一层平面图

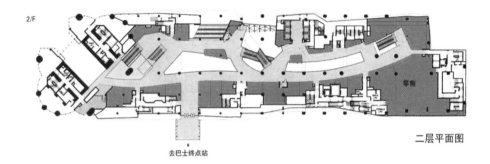

去巴士终点站

二层平面图

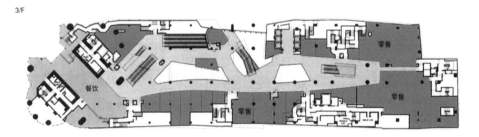

三层平面图

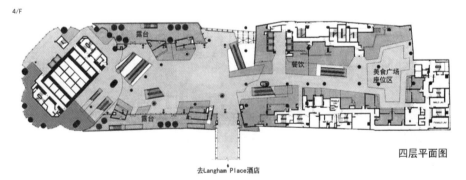

去Langham Place酒店

四层平面图

图 4-106　香港朗豪坊购物中心典型楼层的商业平面图

图 4-107　香港朗豪坊商业剖面图

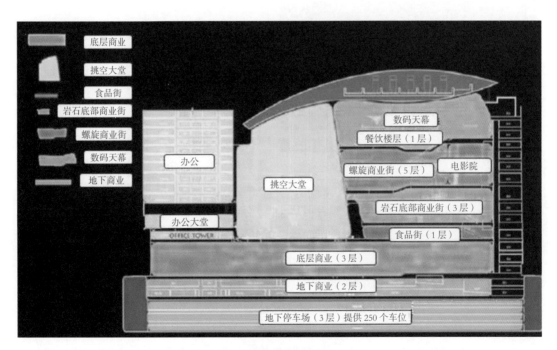

图 4-108　香港朗豪坊商业竖向分区图

图 4-109　香港朗豪坊高区螺旋状走廊

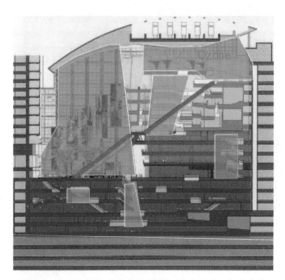

图 4-110　香港朗豪坊共享空间竖向分布图（6个中庭）

伴随着特色动线，朗豪坊购物中心内部错落地分布了包括"通天广场"（即位于四层的空中大堂）在内的 6 个不同形态的商业中庭，使得人们在其中的体验极其丰富（图 4-110）。

2）"空中"吸引力。香港朗豪坊在十二、十三层顶层区创造了一处特色空间，包括一个空中舞台（Live Stage）及位于十三层的天空酒吧区（Sky Bar）。顶上是全港第一个数码天幕，面积达 138m×38m。天幕会时刻播放不同的数码影像，日常特定时间或节日还会播放特别画面。许多游客会乘坐自动扶梯先上到十二层，观看演出，然后再从十二层向下，游遍每层商业楼面。这种将表演空间及特色空间放到顶层的做法，非常有助于垂直型购物中心对商业人流的引导。

2. 香港红点（MegaBox）购物中心

香港红点（MegaBox）购物中心位于香港九龙湾，商业层数达到 19 层，从开业至今，商业一直很火爆。另外，该项目还有两栋 16 层的办公楼以及各种公共设施（图 4-111）。项目拥有多个全港首个或最大的主力店，如全港首个 IMAX 影院，全港首个符合国际标准的溜冰场 Mega-Ice，以及全港最大的单层书城和电子城（见表 4-49）。

图 4-111　香港红点（MegaBox）购物中心物业构成图

表 4-49　项目档案

开发商	嘉里建设有限公司	总建筑面积	15 万 m²
商业面积	110 万 ft²（约合 10.2 万 m²）	开业时间	2007 年 6 月
投资金额	—	停车位	1000 个
项目定位	超大型一站式购物中心		
主力店	UA MEGABOX IMAX 影院、运动城 Giga Sports、智游天地、Mega-Ice 冰场、AEON 永旺百货、宜家家居、大众书局		
项目地址	九龙湾宏照道 38 号企业广场 5 期		

（1）规划设计

1）高层停车场。红点（MegaBox）购物中心设有一个地上的停车场，方便顾客直接开车抵达商场的不同楼层。停车场位于四、八、九、十五、十六、十七层，循环车道布置在购物中心的周边，这种独特的停车场设计，有助于吸引人流到达高层商业区（图 4-112）。

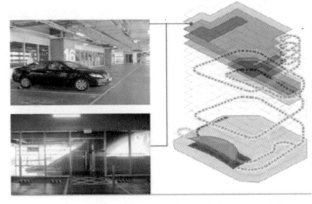

图 4-112　香港红点（MegaBox）购物中心的高层停车楼

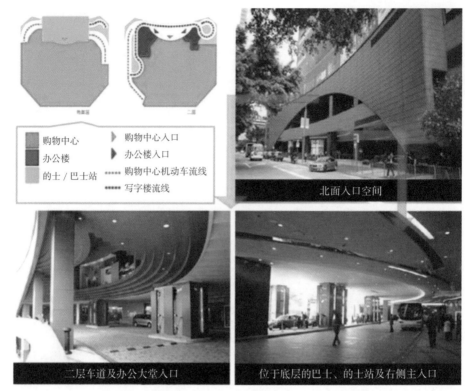

图 4-113　香港红点（MegaBox）购物中心的入口分层处理

2）分层入口设计。香港红点（MegaBox）购物中心的商场首层主入口与巴士出租车停靠站直接相连，办公入口则被提升到二层。这样商业流线与办公流线互不干扰，相对独立。同时该项目在二层的两个办公入口中间增设了商场入口，使两者又能有一定的互通（图 4-113）。这种做法与前面的朗豪坊案例略有不同。

规划设计基本信息见表 4-50。

表 4-50　规划设计基本信息

	区位	城市核心商圈	商业动线特征	中庭环绕式
外部交通	公交线路	巴士 7 条、小巴 4 条、穿梭巴士 4 条	出入口数量	首层和二层
	地铁交通	邻近九龙湾港铁站（约 1km）	中庭数量	4 个
	其他	—	电梯数量	3 组飞天梯、8 部垂直客梯

（2）特色业态　香港红点（MegaBox）购物中心的商业规模较大，为了提升吸引力，项目引入了较多的大型租户，几乎每层都有，用"大店带动小店"

的方式组织业态。大型租户包括 AEON 百货、CEO 卡拉 OK、智游天地（室内游乐场）、GIGA SPORTS、兹曼尼梳化、H&M、家居·21、宜家家居、MEGA ICE 溜冰场、大众书局、实惠家居、通利琴行、玩具"反"斗城、UA MEGABOX/IMAX 影院等。另外，在业态布局上，其娱乐休闲及餐饮业态基本被置于了高层区（11 层及其以上）（见表 4-51）。据统计，在零售业态中，其儿童类、生活类有较大占比，将近 70%。

表 4-51　香港红点（MegaBox）购物中心各楼层业态布局

楼层	业态	主题	主力店
18	餐饮娱乐	娱乐滋味	—
17			CEO 卡拉 OK
16	停车场		—
15			—
14	餐饮娱乐		—
13			—
12			通利琴行、智游天地
11			UA MEGABOX/IMAX 影院
10			MEGA ICE 溜冰场
9	生活及儿童用品	消闲生活	大众书局
8			玩具"反"斗城、GIGA SPORTS
7			—
6			家居·21
5	家居用品	家居创意	实惠家居、兹曼尼梳化
4			宜家家居
3			
2	生活百货及时尚用品	尚流地带	AEON 百货
1			
G⊖			H&M

⊖ G 为首层。

（3）商业效益　香港红点（MegaBox）购物中心尽管层数较多，但由于在建筑形态与空间、业态组合（大型租户占60%）、定位方面独具一格，对人流具有极强的吸引力。从定位角度来说，项目将家庭消费群体作为主要的顾客对象，把零售中的儿童和家居生活类做得非常充分，使商业效益得以保证。

（4）设计研究

1）竖向主题分区。关于垂直型购物中心选取的两个典型案例均在香港，也是因为香港特殊的高密度开发模式催生了这样一类商业建筑。事实上，香港层数最高的纯零售商场目前是 THE ONE 商场，该商场也是全亚洲最高的商场建筑之一。THE ONE 楼高 29 层（地上 24 层中 21 层为商场，地下一～二层也为商场，地下三～五层为停车场，总建筑面积约 4 万 m^2，于 2010 年 7 月 1 日起局部对外开放。同样，这座 29 层的商场每层都设有不同的主题（见表 4-52）。

表 4-52　THE ONE 商场各楼层业态布局

楼层	主题 / 业态	楼层	主题 / 业态
B1~B2	精品超市 AEON MAXValu Prime	L15~L16	华丽食府
L1~L3	国际时尚区	L17~L18	华人集团
L4~L6	流行服饰	L19	空中花园
L7~L8	时尚食府	L20~L24	空中食府
L9~L14	生活精品 / 百老汇戏院 / 加州健身		

与这个项目相似，香港红点（MegaBox）购物中心也在竖向上采用了主题分区的做法。相关的业态以组团形式出现，便于整合商家资源，如位于八层的儿童业态，由开发商亲自运营，因此不仅仅是功能业态，连室内设计、小品布置均与儿童主题相呼应，充满了童趣。餐饮、娱乐业态又通过位于十层的溜冰场、十一层的影院、十七层 KTV、十八层的健身中心、十三～十四层的特色餐饮等构成具有强"磁力"的餐饮与娱乐组团。

2）多种中庭形态及垂直动线设计。香港红点（MegaBox）购物中心采用了3 部跨层的飞天梯，分别连接一至五层、五至八层及八至十层，从而形成内部快速的垂直动线（图 4-114）。商场内部的中庭形态也比较丰富，这一点与前一个案例朗豪坊相似。该商场采用了内中庭和边庭相结合的方式，其中一个为位于五至十层北面的低中庭，朝向公园绿地；另一个为位于十至十五层南面的边庭，同时也是溜冰场，该边庭面向维多利亚海湾（图 4-115）。边庭的设置一方面可以把户外的景观和阳光引入商场内部，给人带来良好的体验，另一方面也为大型主力店留出了空间，是业态与建筑空间的完美结合。

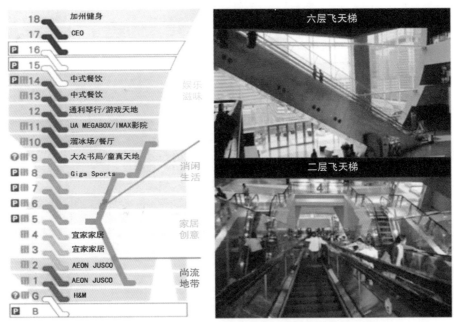

图 4-114　香港红点（MegaBox）购物中心竖向主要业态及飞天梯布置分析

图 4-115　香港红点（MegaBox）购物中心竖向中庭分布

第 5 章
日本商业建筑经典案例剖析

5.1 日本购物中心的发展

1969 年，日本诞生了第一家购物中心——玉川高岛屋，此后购物中心在日本遍地开花，到 1979 年，日本购物中心的年销售总额就开始超过了以往一直保持强势地位的百货店。20 世纪 90 年代日本平均每年都有 100 多家购物中心兴建，这一情况一直延续到 2000 年。2000 年 6 月，日本开始实施"大店立地法"，对购物中心在交通堵塞、交通安全、停车设施、噪声、废弃物、废气排放等环境保护方面提出了更高的要求。在这些严格要求之下，新建大型购物中心开始逐渐减少。2004 年以后，日本购物中心发展开始向稳定正常的状态转变。据不完全统计，在日本这个"弹丸小国"中至今已有超过 2900 家购物中心。

如今日本购物中心的发展与城市开发的融合度更高，且规划设计也更符合可持续发展的理念。从日本购物中心的最新案例来看，具有以下几个值得借鉴的优点。

5.1.1 生态绿色的理念

日本新建购物中心几乎都会把生态环保的理念融入到设计中去。新能源发电、空调温度控制设定、垃圾分类、水的循环利用、屋顶花园、垂直绿化等举措，都体现出环境保护的理念，也是追求生活品质的体现。以前面提到的日本首座购物中心——东京玉川高岛屋购物中心为例（图 5-1），该项目在过去 48 年间，从最初的 5.5 万 m² 扩展到 18.5 万 m²，由本馆、南馆、西馆和东馆组成，且设有 Garden　Island 等 5 个分馆，是一个开放式的街区商业中心。项目有一个独特的"绿色屋檐"，主体由不锈钢网状结构组成，不用任何辅助工具将钢丝网直接固定在墙上。屋檐顶部的常青藤类植物沿着建筑框架延伸，拥有较高的透明度，即使在屋檐下依然可以享受舒适的绿荫。另外，商场顶部设有空中花园，植物可以在一年内不同的时间开花。屋顶花园、陶艺馆将商业空间和自然文化完美地结合在了一起。

图 5-1　东京玉川高岛屋购物中心

5.1.2　人性化的细节处理

日本购物中心的设计比较注重细节，因此给购物者以美感和舒适的体验，如卫生间往往会把成人和儿童分开。儿童洗手间不仅便池、洗手盆矮小，而且还带有扶手。女性洗手间里的化妆室非常宽敞，女生可以在这里补妆。女性卫生间里安装了名为"音姬"的音乐盒，用以消除如厕时的声音。商场里面有为母亲们准备的 baby 推车，也有儿童专用推车、宠物推车等。日本商场里还都会设有特定的吸烟区，也非常重视休息区的设计。

5.1.3　与交通设施的结合

在日本，以地铁为主的公共交通已成为居民出行的主要工具。地铁或火车站具有日常生活中大量人口集中使用的潜力，车站与城市间的融合度也因此越来越高。随着国有铁路被分割和民营化，JR 各公司（即国有铁路）可以向运输事业以外的相关事业快速扩展，被民营化的 JR 东日本在"车站复兴"的呼声中，展开了以车站为中心的开发事业。商业发展是这个"开发事业"中的一个重要组成部分。百货商店最早被当作站前商业设施的代名词。1929 年，开在梅田站的阪急百货（现在的阪急梅田百货）取得成功，之后，许多百货商店选址在车站旁边或靠近车站的位置。现在越来越多的购物中心在车站周边地区发展起来，与早些的百货共同形成了再生的城市商圈。

5.2　公园型购物中心

如今日本许多新建购物中心都强调绿色和可持续发展的理念。有些甚至把购物中心打造成公园式的，体现了自然与人文相结合的追求。这里举两个案例，一个是六本木之丘，另一个是二子玉川 Rise 购物中心。当然，日本还有不少购物中心也具有类似主题，如大家所熟知的大阪难波公园、博多运河城、三井奥特莱斯滋贺龙王、越谷 LakeTown 等。

5.2.1　六本木之丘（Roppongi　Hills）

六本木之丘由森集团主导开发，2003 年在历经 17 年筹划后最终落成。六

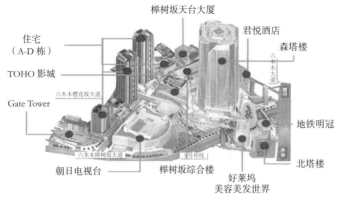

图 5-2 日本六本木之丘的物业构成

本木之丘是一个综合体，其中含有一个购物中心称为 West Walk，另外还有五星级酒店、朝日电视台、办公、美术馆、住宅等功能（图 5-2）。六本木之丘目前已成为日本东京的城市新地标，约有 2 万人在此工作，平均每天出入的人数达 10 万人次。

West Walk 作为其中重要的组成部分，在三维立体空间上把各大功能聚合在一起，并为这里的住户和游客提供多样化的时尚精品店、餐厅、医疗中心、银行及其他生活必需用品店（见表 5-1）。

表 5-1　项目档案

开发商	日本森大厦株式会社	总建筑面积	76 万 m²
占地面积	11.6hm²	开业时间	2003 年 4 月
投资金额	2700 亿日元	停车位	2762 个（共 12 个停车场）
项目定位	都市公园式购物中心和旅游中心		
主力店	Total Walkout Cafe'和 Adidas 表演中心、好莱坞美容美发世界、地铁明冠、TOHO 影城、美术馆		
项目地址	日本东京都港区六本木 6-10-1		

图 5-3　日本六本木之丘商业四大分区图

（1）规划设计

1）多种商业形态组合。六本木之丘没有设置一个大型独立的纯商业建筑，也没有引进纯百货公司和主力店，而是把商业分散在 4 个区域（图 5-3），共计 200 多个商铺，分别是榉树坂大道商业街、庭院侧步行街（Hill Side）、西侧步行街（West Walk）和北塔楼 / 地铁明冠区域（见表 5-2）。

表 5-2　六本木之丘商业分布区

区域	规模（长度/层数）	业态	商业形态	平面布局示意图
榉树坂大道	步行林荫道约 400m 长	国际品牌精品店、咖啡店、料理等	商业街	
庭院侧步行街（Hill Side）	地上、地下各 2 层	餐饮为主	半开放商业街区	
西侧步行街（West Walk）	地上 6 层	一层：出租车站、巴士站和若干家咖啡店 二层：66 广场、艺术区、国际二线品牌 三层：家居装饰、时尚珠宝 四层：生活馆、美容店 五层：中、日、欧式餐馆 六层：医疗设施、金融服务	购物中心	
北塔楼 / 地铁明冠	北塔楼（地下 1 层、地上 2 层）地铁明冠（地下、地上各 2 层）	餐饮、运动、杂货用品等	地铁上盖商业	

2）步行优先。六本木之丘的商业系统与步行体系融为一体，因此步行系统的规划相当重要。六本木之丘的地下和空中步行系统是统一规划的，并与地面的城市干道系统形成人车分流（图 5-4）。森大厦的首层为机动车入口，而步行入口被抬升到地上二层，地下空间又连为一体，这种高效的土地利用方式，既能保证交通的便利性，又能保持城市活力。

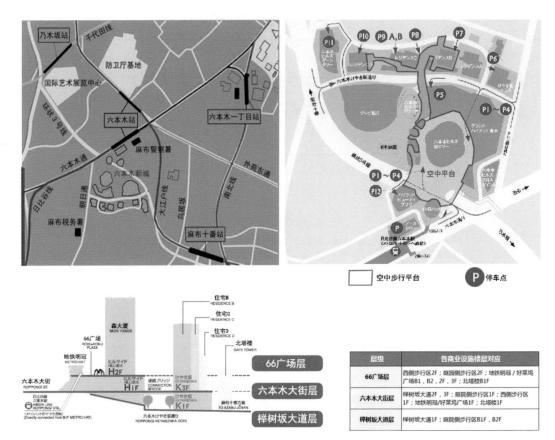

图 5-4 六本木之丘的高差处理和步行车行系统规划

（左上图：六本木之丘的地铁站与六本木之丘新城的位置关系；
右上图：六本木之丘的步行与车行系统；下图：六本木之丘的三大标高层）

六本木之丘的地下空间规划具有以下特点：

①除了地面道路外，利用地下空间建设了地下道路，地面部分安排作为公交和出租车上下客区域，二楼连廊则用作步行区域。

②配置了24h的公共地下停车库，并运用了先进的"商业设施停车场综合管理系统"。

③配备地下发电站和储备仓库，以备防灾使用。

④地下空间配置了商业设施，使得地下街更具吸引力，并与地上商业连成一个整体，地下商业达到地下二层。

将音乐厅、电影院等不需要太多光线的设施放在地下，以最高效地利用土地和空间，并起到节能效果。

3）"立体森林"系统。六本木之丘的商业规划离不开优秀的景观设计。景观、绿化渗透到室内及室外空间，且从地面延续到屋顶，从而形成了"立体回游"的森林系统（见表5-3）。

表 5-3　六本木之丘的"立体森林"系统

位置	构成	特点
地面绿化	毛利庭院	位于森大厦东侧的一个 4300m² 的日式造景庭院
	榉树坂大道（Keyakizaka）	400m 长的林荫道，用当地生产的花卉装点街道樱花坂公园
	樱花坂及樱花坂公园	位于住宅区背面，种植了 75 棵樱花树的散步道；樱花坂公园，又称为"机器人园"，是儿童游乐场所
屋顶花园	六本木之丘综合楼楼顶	1300m² 的田园式屋顶花园，设置了稻田及蔬菜园，业主也可参与
露天广场	六本木之丘露天广场	圆形舞台拥有可以任意开放的遮蔽式穹顶，并设有喷水设施
	66 广场	在庭院侧步行街（HillSide）旁边最主要的广场，设有休憩和水景设施，并有著名艺术家露易丝·布鲁乔亚设计的大型钢蜘蛛雕塑
室内中庭	西侧步行街（West Walk）购物中心（图 5-5）	室内空间室外化，采用"溪谷"的设计理念，侧面采用类似岩石的墙面、水幕、绿化等元素
室外平台	庭院侧步行区（Hill Side）（图 5-6）	高低错落的商业室外平台、结合楼梯和斜坡，形成曲折蜿蜒的山地走廊

图 5-5　六本木之丘的西侧步行街（West Walk）

图 5-6　六本木之丘的庭院侧步行街（Hill Side）

（2）特色业态　六本木之丘的整体商业业态较为丰富多样，其中餐饮占37%、时装占19%、时尚配饰占16%、美容美发 SPA 占6%。除此之外，还有完善的服务配套，如银行、ATM 机、邮局等公共服务以及家庭服务和交通服务设施（图5-7）。

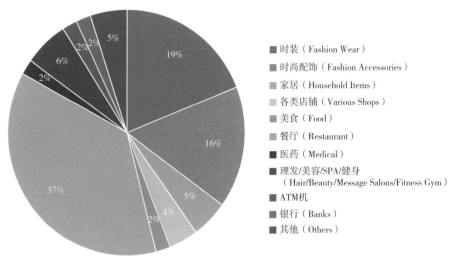

图 5-7　六本木之丘商业业态分配比例

除了商业业态外，六本木之丘还有丰富的城市公共文化、艺术设施。这些设施使得六本木之丘不仅仅是一个商业、商务中心，同时也是城市的文化中心和艺术中心（见表5-4）。

表 5-4　六本木之丘的城市文化艺术设施

城市文化艺术设施	位置	特色
森美术馆	森大厦的 53F	3000m²，含9个展览空间
观景台	森大厦的 52F/RF	拥有高 11m、360° 环绕的落地玻璃窗
艺术画廊中心	52F	约 1000m²
学术中心	49F	六本木图书馆、会议室等

（3）商业效益　除了良好的硬件基础之外，六本木之丘在运营和营销方面颇有值得借鉴的地方，项目本身是一个拥有社会参与性的城市更新项目，由森大厦株式会社牵头，约有 400 家企业团体、个人共同参与开发，另外还建立了一个由国家、地方政府、学术界和商业界人士共同组成的专业委员会来制定城市复兴设计方案，并通过了一套行政和法律系统来赢得原住民的认同和支持。整个城市片区提倡运营的整体性，如维护景观、招牌、指示牌布局等都有所规定。

对于公共空间，则采取了统一管理的方式，并以公共空间的出租场地收入和广告媒体收入来反哺该区域综合运营活动。当然，该综合运营工作也需要与各个子地块业主相协调，并交第三方监督和审核。

在营销推广方面，"电影节"、"六本木之夜"等大型活动提升了六本木之丘的品牌价值，另外，还有一系列非常有特色的社区活动，如"食育活动"就是利用大楼的屋顶庭园，人们在其中插秧、割稻、脱谷、捣年糕等，每年还有日本各个县的大米品牌来赞助。每周六定期举办的"茨城早市"，由茨城县农民把当日采摘的新鲜水果、蔬菜直接送到六本木之丘，以及六本木之丘号召组织的志愿者活动等。

在这些营销活动和管理策略下，六本木之丘不仅与周边社区有了更好的融合度，而且也吸引了来日本旅游的各国游客，据统计，每年约有 4000 万人次的游客到此参观和游览。

（4）设计研究　六本木之丘利用地形高差在垂直空间上分为 3 个层次，并形成了 3 个步行大平层系统，从高到低分别是 66 广场层、六本木之丘大道层、榉树坂大道层（见表 5-5）；在水平方向上又划分为 3 个区：北区、核心区和南区。其中北区面向六本木之丘大街，是新城的主要入口，有商业、教育等设施；核心区包括森大厦、东京君悦酒店、朝日电视塔、TOHO 影城等，以庭院侧步行街（Hill Side）和西侧步行街（West Walk）两条商业动线及户外广场庭园将各栋塔楼整合在一起；南区为榉木坂商业街及 4 栋住宅、1 幢多层办公楼及其他生活辅助设施。

表　5-5

楼层	各商业设施楼层对应
66 广场层	西侧步行区 2F，庭园侧步行区 2F，地铁明冠 / 好莱坞广场 B1、B2、2F、3F、北塔楼 B1F
六本木之丘大街层	榉树坂大道 2F、3F，庭园侧步行区 1F，西侧步行区 1F，地铁明冠 / 好莱坞广场 1F，北塔楼 1F
榉树坂大道层	榉树坂大道 1F，庭园侧步行区 B1F、B2F

（5）室内外景观设计　六本木之丘在室内外都融入了大量的景观设计。如西侧步行街（West Walk）购物中心室内空间设计，尽管在局部商业动线设计上有瑕疵，有一些尽端路，但其室内营造的类似室外的环境令人流连忘返。Hill Side 更是类似"盘山路"一样，把大量户外空间与商业店面有机结合起来（图 5-8），柱廊、较高的石壁扶手形成了非常有节奏的虚实变化，让人在行走时对前方的空间充满期待。

图 5-8　日本六本木之丘庭院侧步行街（Hill Side）商业半户外空间

除了变幻的空间和绿化设计外，公共艺术作品和景观休憩设施也非常吸引人。整个地区内的人行道和公共场所中共设置了 8 件公共艺术作品和 11 件装置艺术街道家具。如 Maman、蔷薇花、斯·科普、机器人、高山流水、守护石等艺术雕塑作品，街道家具也都出自知名设计师之手，这样艺术品都完美地融于街道中，提升了项目的品质。

5.2.2　二子玉川（Futako–Tamagawa）Rise 购物中心

二子玉川是东急田园都市线上的主要车站，也是大井町线的终点站。周边自然地貌丰富，北部是平缓的丘陵，南部面向多摩川，现为东京新兴的高级住宅区。二子玉川站连接了两大购物中心，一是老牌的玉川高岛屋，总体量为 18.5 万 m^2，另一处是新建的二子玉川 Rise 购物中心。

二子玉川 Rise 购物中心与其说是一座商业建筑，不如说是一处自然与人和谐共生的佳境。该项目不仅仅获得了 LEED 绿色建筑评估体系认证，还取得了 JHEP[⊖]日本生物多样性定量评价程序最高等级（AAA）（见表 5-6）。

⊖ JHEP 认证是日本生态协会在 2008 年 12 月创立的认证制度。该认证以美国内务部研究和使用的生物多样性定量评价方法"HEP"为基础，定量评价保护生物多样性的贡献程度，是日本证明其不是净损耗或净增益的唯一认证。该认证是根据定量评价和比较"基准年（获取土地年或申请年的 30 年前）以前"和"基准年之后 50 年"的生物多样化状况，科学地证明是事业者对保护和改善生物多样性贡献的一种方法。根据计算和比较结果，将认证保护生物多样性的贡献度分为 A、A+、AA、AA+、AAA 等 5 个等级。

表 5-6　项目档案

开发商	东急集团	总建筑面积	40 万 m²（含住宅、商业、办公和休闲设施）
商业面积	4.2 万 m²（terrace market）	开业时间	2011 年一期、2015 年第二期
投资金额	—	停车位	三处停车场，共计 1224 个车位
项目定位	交通枢纽型一站式中高端购物中心		
主力店	10 厅影院、茑屋家电、东急商店（（Tokyu Store）、东急食物表演（Tokyu Food Show）		
项目地址	日本东京都世田谷区玉川 2-21-1		

（1）规划设计　二子玉川 Rise 购物中心西侧是具有都市风格的火车站，东侧是公园，正好是城市环境和大自然之间的过渡地带。得益于这种得天独厚的地理条件，该项目也因此打造了一条连接多摩河和轰谷（Todoroki Valley）的生态系统绿链（图 5-9、图 5-10、图 5-11）。

Rise 购物中心商业区共由 4 栋商业体构成：town front、river front、station market 和 terrace market 等，共约有 180 家商铺，年均访客人数达到 1700 万人次。4 个区块在地面上层数各不相同，但在地下连为一体，共享停车库（见表 5-7）。

图 5-9　二子玉川 Rise 购物中心的总体鸟瞰图

图 5-10　二子玉川 Rise 购物中心的总体布局

图 5-11　从二子玉川 Rise 购物中心的 terrace market 回望

表 5-7 二子玉川 Rise 购物中心的 4 部分的建筑层数

区块	层数										
—	B2	B1	L1	L2	L3	L4	L5	L6	L7	L8	L9—L16
station market	√	美食广场	√								
town front	√		√	√	√	√	√	√	√	√	
river front	√		√	√	√	√	√	办公			
terrace market	√	√	√	√	√	√	√				

项目在二层形成了一个步行大平台，把各个区块的商业连为一个整体。town front 与 river front 两栋大楼形成的有顶覆盖的半开放式商业街则形成了二子玉川站与公交场站的连接纽带，成为人们换乘时必经的空间，terrace market 作为东部延伸段，则以全开放的商业街形态与西边的东站商业综合体形成互补。

规划设计基本信息见表 5-8。

表 5-8 规划设计基本信息

外部交通	区位	城市新区	商业动线特征	一字形动线为主
	公交线路	公交枢纽站 1 处	车库入口	3 处
	地铁交通	东急田园都市线、大井町线二子玉川车站上盖	中庭 / 广场数量	town front 与 river front 各设一处中庭，terrace market 设一处中央广场
	其他	5 处非机动车停车场	电梯数量	station market 垂直客梯 2 组，自动扶梯 1 组；town front 垂直客梯 3 处，自动扶梯 5 组；river front 垂直客梯 2 处，自动扶梯 2 组；terrace market 垂直客梯 9 处，自动扶梯 2 组

（2）特色形态 二子玉川 Rise 购物中心以 "My Style，My Place" 为理念，即倡导个人生活方式和居家的感觉。除了商业设施外，二子玉川 Rise 购物中心还有不少的社区服务配套设施，如美容院、理发店、眼科医院、外语学习学校、便利店、图书馆窗口服务、市政服务、邮局、干洗店等。二子玉川 Rise 购物中心的 station market、town front、river front 3 栋商业楼共同构成铁路上盖和侧盖商业。

在 3 栋建筑地下一层共同形成了美食广场层，为东站人流服务。town front 与 river front 在业态布局上也形成了互补，town front 采用了类似百货的空间模式，而 river front 基本为主力店单店布局模式，西侧通过每层一到两处的连廊连接在一起。terrace market 的商业主街层面在二层，首层、三层及四层各仅设置一处主力店，商业布局相当高效。

（3）营运之道　二子玉川 Rise 购物中心还有非常吸引人的商业营销活动，以吸引东京甚至更远地区的商业人流，如多摩川的火花大会，以及位于中央广场的二子玉川 Rise 夏季限定开放的露天啤酒吧、冬季的溜冰花园活动等。二子玉川 Rise 购物中心还有一项特殊的活动——食育活动，在 terrace market 屋顶上有一片菜园，孩子们可以在这里种植和收割甘薯，从而了解农作物的生长特点。

二子玉川 Rise 购物中心及旁边的高岛屋为整个高档住宅社区提供了非常便利的生活配套，再加上其中的若干主力店也吸引了不少外来游客，如茑屋家电。茑屋家电是以书籍、电器、美发沙龙、Starbucks 等为内容的生活方式店铺。大片绿植包围着读书区域，二楼还设有有机咖啡店、Good Meals Shop。在 Galleria 大空间内，每周会定期举办一次活动，发挥了强大的集客能力。

（4）设计研究

1）屋顶的"菜园"与"湿地公园"。二子玉川 Rise 购物中心的 terrace market 屋顶上有非常有特色的"菜园"和"湿地公园"，其中"菜园"位于三层，"湿地"位于四层和五层，湿地公园还是植物和鸟类栖息地，成为二子玉川公园生态走廊的延续（图 5-12）。屋顶花园不仅仅是观赏植物的场所，而且也是野生动物的走廊，是鸟类和有益昆虫的栖息地。

从屋顶设计来看，设备机房的整合和隐藏处理做得很好，使得屋顶花园具有了相对完整的空间，非常有助于展开良好的景观规划。

2）连续的景观步行平台。二子玉川 Rise 购物中心尽管分成两期，中间的 terrace market 是二期才完成的，但其人行天桥系统连接了东西两大区域，达到了立体回游的效果。人行天桥系统与下方的公交、出租车落客区互不干扰，实现了人车分行（图 5-13）。terrace market 的商业主要集中在二层，使得人流汇

图 5-12　二子玉川 Rise 购物中心的 terrace market 屋顶景观
（左图：设备机房的整合；右图：屋顶湿地）

图 5-13　二子玉川 Rise 购物中心的人车分行系统

（左图：公交站和出租车落客区；右图：鸟瞰二层人行天桥）

聚在二层平台，二层形成了类似市场街的功能。

当然，从商业布局来看，二子玉川 Rise 购物中心也有不足之处。比如，town front 和 river front 由于空间布局基本上采用了百货模式，首层尽管设置了多个入口，连通了中央商业走廊 Galleria，但都比较小，而且 town front 层数较高，高层区商业的可达性存在一定问题，town front 和 river front 两座商业体之

图 5-14　二子玉川 Rise 购物中心的 Galleria

间的联系还是比较弱的，中间的商业走廊的空间也比较单调，无法聚集人气，更像是通过性空间（图 5-14）。相比之下，terrace market 更具有可游可逛的空间特点，尤其是中央广场成为聚集人气的核心场所。

5.3　体验型购物中心

随着日本人口结构的变化，日本的消费市场出现了新的特点。日本人口呈

现出 3 个两极化的表现，首先是超少子、高龄化，其次是身为消费中心的中间年龄层的缩小和高龄消费者的增加。据日本统计局推算，2030 年日本人口的平均年龄将会超过 60 岁。由于日本人口老龄化趋势不断加剧，人口呈现出负增长，城市规模不断缩小，其消费市场也在缩小，都市化不断集中。在消费量未增加、人口低增长的消费市场中，购物中心同质化的倾向日益严重。因此，日本购物中心正在从原先以销售商品为主，向注重消费者体验为主转型，购物中心成了能提供创造多样化价值和更多机会的场所，同时也是人与人之间交流互动的平台。体验型购物中心的发展成为一种必然。

5.3.1 特点

日本体验型购物中心具有以下几大特点：

（1）非零售要素的融入 非零售要素主要包括娱乐要素、科技要素、人文与艺术要素等，这些要素融入购物中心中，会替代部分零售业态。配合这样一种业态的调整，在空间形态、氛围上的打造都会强调主题化。如日本的维纳斯城堡，又被称为"天幕罗马购物城"，项目室内空间再现了十七八世纪欧洲的街道，在室内分布有教会广场、喷泉广场等，还有随着时间的变化而变化的天幕景色，可以演绎出"白天—黄昏—夜空"的戏剧化世界。维纳斯城堡锁定的主题是女性主题公园，因此，在这里的品牌大多以女性品牌为主。非零售要素的融入还强调业态之间的联动，如零售与餐饮的联动。通过对娱乐与餐饮的整体布局进行合理规划，有助于最大限度地发挥各个业态的价值。

（2）与社区、街道的连接 购物中心作为城市和地区的一部分，对于提升该城市或地区的魅力和个性具有重要意义，因此在前期规划、空间布局和环境设计上都需要考虑与城市或社区环境相互协调，相互融合。如东京千叶县的 Lalaport 就是以关注家庭消费为重点，成为周边家庭消费和活动的日常场所。Lalaport 内设有剧场、文化中心、网球俱乐部、小型高尔夫球场、迷宫、停车型露天戏院等业态，吸引了大量中产阶层家庭。

（3）注重吸引外来游客 日本各大城市越来越关注旅游业，外来客流成为许多购物中心的主力客群，因此诸多购物中心努力迎合外来游客的喜好。比如，购物中心往往会考虑做一些有本土特色的商业，以便吸引更多的外来人口。东京银座地区的 GINZA SIX，该商场设立了能乐剧的剧场，通过日本传统文化来吸引外国游客。

5.3.2 分类

日本体验型购物中心大概可以分为以下几类：

（1）大型综合型　一些大型城市综合体商业及大型郊外型购物中心融入了较多的娱乐、艺术等元素，以便增强体验感。如关西的 Lalaport　Expocity 项目（图 5-15），面积约为 17.2 万 m²，由 8 个娱乐设施和拥有 312 家店铺的三井购物中心构成了大型的综合的购物、娱乐、体验目的地。体验业态包括日本最高的摩天轮、日本最大的 IMAX 屏幕的 4D 影院、日本首个体验型英语教育设施 English　Village 以及小羊肖恩主题娱乐天地、obri 大自然体验馆、nifred 海洋馆等。

（2）生活型　日本有大量的小型购物中心，如邻里购物中心（neighborhood shopping center），规模虽小，但颇具地方特色，以满足商圈内消费者的需求。这个比例在所有不同规模的购物中心占比达到了六成。一些生活方式中心（lifestyle centers）也在日本有所发展，一般位于市内，且定位中高端。

（3）主题型　主题型购物中心表现为以一个特别但统一的主题作为项目特点。除了前面提到的维纳斯城堡之外，还有其他类似的主题型购物中心。如东京郊外的一个露天零售广场 Garden Walk，该商场以花为主题，遍布整个购物中心的是鲜花和山茱萸，在人行道上也有花型设计。从花瓣形的商店屋顶到郁金香喷泉，以及向日葵形的表演舞台，都展现了华美的花的主题。

（4）车站型　日本以铁路车站为中心而形成了诸多城市商业节点，也就是"站城一体"，乘客即为顾客。日本有很多与铁路车站整合在一体的商业中心，如博多车站、京东车站、大阪梅田车站等。以京都车站为例，它已不是一个纯粹的火车站，而是京都最主要的大型休闲购物中心、聚会场所之一。它也是一座典型的车站型商业，车站的基本功能仅使用了整个建筑面积的 1/20，其余为

图 5-15　日本关西的 Lalaport Expocity 项目

剧场、酒店、伊势丹购物中心、美术馆等综合型商业设施。屋顶上还有一个全开放的露天空中花园。

5.3.3 案例

1. 武藏小杉格林木（GRAND TREE）购物中心

该项目是日本小体量的购物中心的代表，商业建筑面积仅为 3.7 万 m²，约有 150 个店铺，定位为社区型购物中心（见表 5-9）。它的主要顾客群体为 30 岁左右的年轻家庭。

表 5-9　项目档案

开发商	日本 7&i 集团	占地面积	2.49 万 m²
商业面积	3.7 万 m²	开业时间	2014.11
投资金额	—	停车位	823 个
项目定位	创新的社区型购物中心		
主力店	西武 SOGO 百货店、食品生鲜超市 Grandtree Marche、Loft 美食广场		
项目地址	神奈川县川崎市中原区新丸子东 3 丁目 1135 番地 1 号		

图 5-16　格林木购物中心中庭的声光水瀑

（1）规划设计

1）空间设计。格林木购物中心首先在空间设计上给人以开敞、舒适的感觉，其商业全部为地上，共有 4 层，地下一至二层为机动车和自行车停车场。地上每层商业净高为 4m，层高为 5.6m。其次，其主中庭设计比较有特色，通过水、灯光、音乐等元素打造了一个高达 14m 的声光水瀑（图 5-16），在不同季节颜色会有所变化。一个商业中庭给人以户外城市广场的感觉。

另外，商场中有很多商铺采用了开敞式设计，类似百货空间模式与购物中心模式的结合，尤其是中岛区店铺间隔的中性墙会低一些，顶棚则会高一些，这些做法保证了整个商场室内的通透性。

2）特色屋顶花园设计。格林木购物中

心屋顶设有面积约 4300m² 的屋顶花园，为周边居民提供了一个免费的休憩场所。花园里有大量的儿童游乐场地及设施，定期会举办一些面向儿童的朗读、Talk Show、天体观测等文化活动。最令人印象深刻的是顶层商场连接屋顶花园的出入口，做成一个非常舒适的灰空间，并有休息座椅，到夏天还有降温喷雾，家长可以在这里休息等候，方便留意花园里玩耍的孩子。这种做法体现了日本购物中心对于服务细节的关注（图 5-17）。屋顶花园的设置也与其下紧接的四层儿童业态层相呼应。

图 5-17　格林木购物中心的屋顶花园

规划设计基本信息见表 5-10。

表 5-10　规划设计基本信息

	区位	城市新区	商业动线特征	环形动线
外部交通	车库入口	2 个	人行出入口数量	4 个
	地铁交通	东京急行电铁和 JR 线交汇处，近武藏小杉站	中庭数量	2 个
	其他	—	电梯数量	18 部自动扶梯、4 组垂直客梯

（2）特色业态

1）主题化楼层。格林木购物中心每层商业有一特定主题（图 5-18）。首层是以"美丽人生（My Beautiful Life）"为主题，主要业态为超市、服饰、餐饮、美容服务、家居用品等；二层主题为"衣柜与镜子（Closet & Mirror）"，主要业态为女性时尚商品、配饰、美容服务等；三层以"享受生活（Enjoy Living）"为主题，售卖书籍、乐器、家居、杂货等，有首家纪伊国书店和白山羊咖啡店的合作商铺，还设有儿童保育园；四层的主题是"妈妈天地（Handy for Moms）"，主打儿童用品和家庭时尚，还包括美食广场和举办活动用的Smile广场。而这些主题均与项目定位的客户群的需求密切相关。格林木购物中心所在的武藏小杉商圈，其人口年龄构成从25岁到44岁为主，其中25~39岁上班族居多，一般是育儿家庭，儿童基本在10岁以内，家庭收入基本为中高端。

2）业态组合创新。格林木购物中心由于比较精准的客群定位，其业态种类也是"简而精"。零售业占比为54%，餐饮占比为29%，美容及服务业占比为14%，百货/超市业态占比为3%，从各层业态布局来看，一层的主要业态为餐饮，且布局了生鲜食品超市、杂货店等以方便社区居民购物、餐饮为主，聚集了大

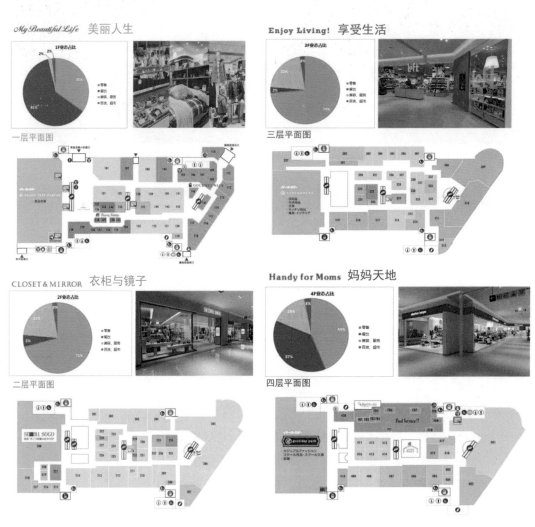

图 5-18　格林木购物中心各层平面及业态分布图

量人气。这种把超市布置在
首层而非地下或高层的做法
也是另辟蹊径（图5-19）。
二层的主要业态为服饰、零
售。三层为生活用品、零售。
四层则为母婴用品零售和美
食广场。四层业态与屋顶花
园的儿童乐园主题又紧密相
关，在业态组合上充分采用
了"混搭"的手法，并且以
顾客需求为导向，而非纯粹
以业态租金为导向。如对于
首层生鲜超市与餐饮、零售、
杂货的组合，格林木购物中
心总经理龟井认为："买完

图 5-19　格林木购物中心首层设置了超市

晚餐食材之后，顺便看一下最近流行趋势的顾客很多，作为一个流行信息获取
的场所进行推荐，从而改变顾客的购物方式。"

（3）商业效益　格林木购物中心体量只有 37000m²，面临着周边数十家不
同规模商业体的激烈竞争，却在开业 13 天客流就突破了百万，每日客流量近 8
万人次，年客流量可达 2000 万人次，从商业效益来看，完全达到了最初的预期。

（4）设计研究

1）社区活动空间的延伸。格林木购物中心提供的场所已不仅仅是一个购物
的场所，而是一个"社区活动中心"，也正因为如此，它能吸引如此多的客流
频繁光顾。

①真正的"游憩型"屋顶花园。在格林木商业屋顶不仅可观赏季节性树木
和花草，还有丰富多样的游乐休憩设施，如铅笔迷宫、木马滑梯、喷水鲸鱼、
木平衡台活动广场、花卉拍摄点等，对于儿童有很大的吸引力，既是玩耍也是
学习的场所。

②室内人工草坪。购物中心四层以儿童业态为主题，设有 Smile Square，孩
子们可以在人工草坪上赤脚玩耍，旁边还有 5m×3m 的大屏幕会定时、循环播
放卡通或者动漫等节目。这里也会定期举办演奏会，吸引了很多的顾客。

③聚会租赁空间（Party for You）。四层美食广场的尽端原是死角空间，现
在安排为单间，可以对外租赁，如年轻人聚会、妈妈们的小型聚会等均可租用（图
5-20）。

2）细节打造。格林木购物中心有大量的人性化设计细节，值得借鉴的有以下几点：

①休憩空间。格林木购物中心在动线上设置了30多处供顾客休息的场所，并充分结合了购物资讯的陈列设计。

②吸烟室。每层均设置专门的吸烟室。

③交流型母婴室。商场一至四层共设有5个母婴室，面积均为一般母婴室的3倍，最大的近136m²，这里的母婴室已成为妈妈们之间交流育儿经验的场所和平台（图5-21）。

④入口室外小动物专用水斗。户外设有专给顾客宠物洗脚、提供饮用水的地方。

⑤入口室内消毒处。商场入口处放有消毒液和洗手液，以防流行性感冒等传染疾病。

2. 大阪站前综合体 Grand Front Osaka（一期）

大阪 Grand　Front 是一个城市综合体，它南接大阪车站（JR　Osaka Station），东临阪急梅田站，西面隔着规划二期用地与新梅田中心遥相呼应。项目主要由几大部分构成：最南的"梅北广场"，创意步行街，知识购物中心，A、B、C　3座塔楼及 Front Osaka Owner's Tower（拥有者之家）（图5-22、图5-23）。这几部分构成 Grand Front Osaka 的一期，总用地面积约 8.6hm²，总建

图 5-20　格林木购物中心的聚会租赁空间

图 5-21　格林木购物中心的交流型母婴室

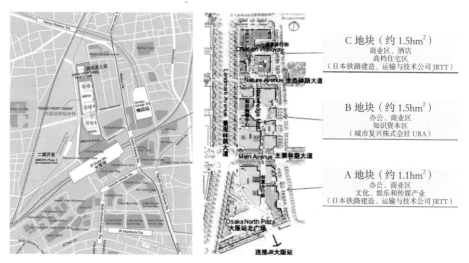

图 5-22 大阪站前综合体总体布局图一

C 地块（约 1.5hm²）
商业区、酒店
高档住宅区
（日本铁路建造、运输与技术公司 JRTT）

B 地块（约 1.5hm²）
办公、商业区
知识资本区
（城市复兴株式会社 URA）

A 地块（约 1.1hm²）
办公、商业区
文化、娱乐和传媒产业
（日本铁路建造、运输与技术公司 JRTT）

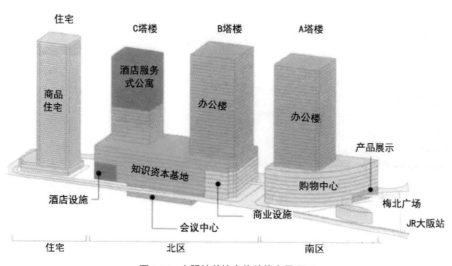

图 5-23 大阪站前综合体总体布局图二

筑面积约 56.79 万 m²，包括 3 栋 170 多米的塔楼和 1 栋 130 多米的塔楼以及 8 层的商业设施裙房。特别值得一提的是，其中的"知识资本基地"是项目的一大特色，含有知识沙龙、共享办公、剧场 / 会议中心、知识"实验室"等功能，布置在中间的写字楼和洲际酒店塔楼下方，含裙房的地下二层至地上八层，写字楼（B 塔楼）的第十层，酒店及服务式公寓（C 塔楼）的九至十三层，总面积约为 8.82 万 m²，可为约 3000 人提供学习、研究、交流、办公的场所（见表 5-11）。

表 5-11　项目档案

开发商	ORIX 房地产、NTT 都市开发、阪急、三菱地产、知识之都专项会社等 12 家，由开发商、专业运营机构组成的联合体	总建筑面积	567927.07 万 m²
商业面积	187000m²	开业时间	2013 年 4 月
投资金额	—	停车位	约 330 个
项目定位	产、学、研、展、商一体化的购物中心		
主力店	知识沙龙 Knowledge Salon（1420m²）、实验室 The Lab（3100m²）、剧场		
项目地址	日本大阪市北区大深町 4 番 20 号		

图 5-24　大阪站前综合体立体空中步道

（1）规划设计

1）立体步行系统。Grand Front Osaka 由 3 个地块构成，被两条东西向的林荫大道分割，3 个地块通过一条长约 500m 的、宽 6m 的立体空中步道连接起来，这条名叫"创造之路"的空中步行系统，不仅使整个综合体内部相互贯通，也与大阪车站实现了连通（图 5-24）。

A 塔楼所在的南地块在地下一层与 JR 大阪站相连，再加上"创造之路"的空中连接、地面广场的连接，形成了 3 个层面的立体连接系统，也便于把人流尽快地引导到 Grand Front Osaka 区域。

办公和酒店大堂均设在商业裙楼上方，空中大堂同时结合了空中花园设计。空中大堂为办公楼使用者增加了身份感和价值感。以 A 塔楼为例，通过 7 部转换客梯把首层和二层人流送到九层空中大堂层，大堂层东侧面对着屋顶花园（图 5-25）。

2）立体景观设计。除了步行系统，景观设计也是以多种维度逐次展开。除上文中提到的空中花园外，地面景观"梅北广场"和林荫道也巧妙地结合了下沉式广场设计。如以水为主题的梅北广场同时也是连接大阪站和 Grand Front 的站前广场，占地面积约 1 万 m²。通过一个喇叭形的层层叠叠的瀑布，把人们的视线引向椭圆形的中心广场上，瀑布与下沉式庭院相结合，把自然采光和地面景观引入地下商场（图 5-26）。

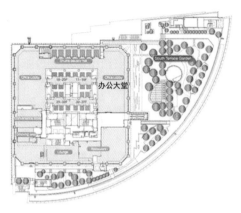

图 5-25 大阪站前综合体 A 塔楼九层办公大堂及户外屋顶花园

（左图：九层平面图；右图：屋顶花园实景）

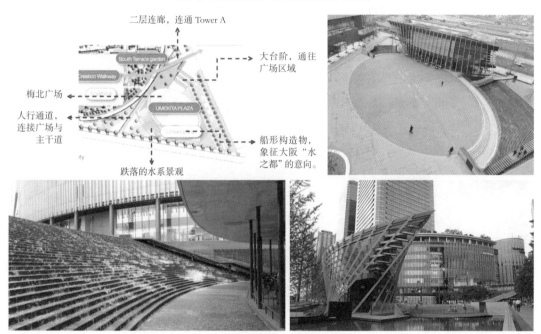

图 5-26 大阪站前综合体梅北广场

规划设计基本信息见表 5-12。

表 5-12 规划设计基本信息

	区位	近大阪 JR 车站	商业动线特征	一字形
外部交通	公交线路	周边共 12 个 UMEGLE-Bus 巴士站	出入口数量	6 个主入口（每个地块 2 个）
	地铁交通	七条地铁线路，JR 线、地铁御堂筋线、阪急电车、阪神电车、地铁谷町线、地铁四桥线、JR 东西线	中庭数量	1 个主中庭（位于 Knowledge Mall）
	其他	基地内 3 个停车库出入口，一个自行车借出归还点	电梯数量	18 部自动扶梯、4 组垂直客梯

（2）特色业态　Grand Front Osaka 号称为知识之都（Knowledge Capital）（图5-27）。官方对于它的定义是：这里是众人知识和智慧相互交融的"知识创造价值的据点"，从大阪走向世界。这里包含了所有方便人们交流的场所和设施，如办公室、沙龙、实验室、展厅、剧场、活动空间、会议中心等。这个项目也是由 12 家开发商联合组织经营的，"知识之都"联合了多家研究机构、研究所、大学、科研企业等，将与零售商业功能密切相关的科研成果在商业空间中展示，衍生出创新业态与体验空间，打造了科研成果输出型的"众创空间"。

Grand Front Osaka 尽管没有一般商业中心的标准配置——影院、KTV 等，但这里却有些独特的业态，使其不能被简单定义为购物中心或商业综合体，而是一个产业平台和创新中心。它的业态组成可以从"产""学""研""展""商"五个方面来分析。

产：位于六楼的名为近畿大学水产研究所的餐厅，是日本第一家大学直营的养殖鱼专门料理店；乐敦药业旗下的旬谷旬菜（Smart Camp）餐厅，提供拥有现场培育、采摘原材料的精致法式料理。甚至连赛百味餐厅在其三明治中的蔬菜、西红柿等都是在当场采摘的。

学：位于购物中心的知识沙龙（Knowledge Salon）提供会员式的知识共享和交流场所，面积约 1420m²。沙龙有开放式的讨论空间、半封闭式的写字台以及 8 间大小不一的会议室（图 5-28）。

研：实验室（The Lab）共有 3100m²，由活力研究室（Active Lab）、咖啡吧研究室（Cafe Lab）、活动研究生（Event Lab）三个部分组成。在这里，大学和研究机构可以展示他们的模型和交流观点（图 5-29）。DEAN & DELUCA 是一家集合全世界美食的"美味食品博物馆"。在这里，顾客可以购买世界各地的美食，同时还可以自行研究制作美食，由 DEAN & DELUCA 提供材料。

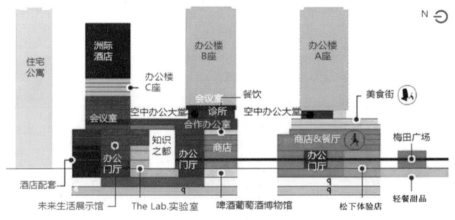

图 5-27　大阪站前综合体"知识之都"

图 5-28　大阪站前综合体的知识沙龙

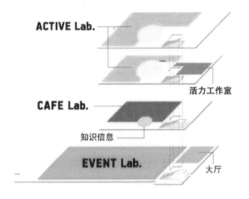

图 5-29　大阪站前综合体"知识之都"之中的实验室（The Lab）

展：购物中心内三层的松下旗舰体验店，内有 5~6 家不同主题的实景和虚拟展示间，展示最新智能化家居的解决方案，虚拟的 Studio 可以让消费者随意布置和体验自己家的装修和家居摆设。

在 Grand Front 北塔楼里，梅赛德斯·奔驰体验店（Mercedes Benz Connection）打造的是"汽车之外的魅力空间"，不同于普通 4S 店，这家店直接面向中庭，并设有跨界咖啡厅"Downstairs Coffee"。

商：Grand Front Osaka 的商业设施则分布在南塔楼和北塔楼两个地块，共有 266 家商铺，包括餐饮、杂货、生活家居用品、书店、流行服饰等业态，其中共有约 20 多家知名商户开设了体验店或旗舰店，如"三得利"开的威士忌博物馆，"大金"开了旗舰体验店，知名登山用品店"好日山庄"也开设了室内攀岩馆。北馆六楼设有"成人聚集地（UMEKITA Floor）"，能让成人通宵玩乐到凌晨 4 点，使玩劲十足的年轻人充分释放自我，享受夜生活的乐趣。

（3）商业效益　Grand Front Osaca 通过"特色品牌 + 另类展示空间 + 商业体验"这样的特色业态规划，赢得了很高的市场人气。开业一周内，就吸引了 700 万人次，开业一年客流达到 5300 万人次。当然，也要看到 Grand Front Osaka 作为一个连接城市枢纽车站的 TOD 项目，轨道交通为其带来了巨大人流，在其每天 200 多万人次的人流量中，JR 大阪站的人流贡献率超 81 万人次，即

30%左右，可见其不仅吸引大阪本地顾客，也吸引了大量外地甚至外国的游客。

（4）设计研究

1）办公研究与商业的融合方式。Grand Front Osaka 重新定义了一种新型研究模式，同时也是一种新的商业模式，时尚商业也变成了为产业而服务。正如设施营造商在举办的媒体见面会上所说："作为一项新尝试，'职能首都'旨在向科研机构、企业、消费者提供横向交流以及与时尚潮流互动、碰撞的机会，以此增加科研活动的公开性，以期创造出更具实用、新颖的技术服务。"也可以视为网上盛行的"B2C 模式"的实体商业版。

设在"知识之都"二、三层的"世界—研究所"内，普通游客就能直观地接触和参与到最新科技的设计过程之中，并与科研人员交流。另外，许多大学和企业也在其中开设了各类店铺，将最新的科技和创意付诸实践。这些体验设施让"知识之都"超越了传统意义的研究场所，也超越了传统的商业场所。

图 5-30　大阪站前综合体南馆购物中心

图 5-31　大阪站前综合体北馆"知识之都"

如果说 Grand Front Osaka 的南馆是一个相对比较纯粹的购物中心（图 5-30），那么北馆则是一种对商业模式的新探索与尝试。"知识之都"从内部业态布局来看，在靠近南馆处基本布局了时尚品牌、家居、美容、餐饮等一般业态的商业。在中庭周边布置了以与"知识之都"有关的"未来生活展示"——旗舰店、实验室等功能。办公塔楼在首层与商业共享入口，办公人员通过设在商场里的办公大堂，搭乘转换梯到达"空中大堂"。这种布局方式，也强化了办公与"知识之都"商业之间的互动（图 5-31，图 5-32）。

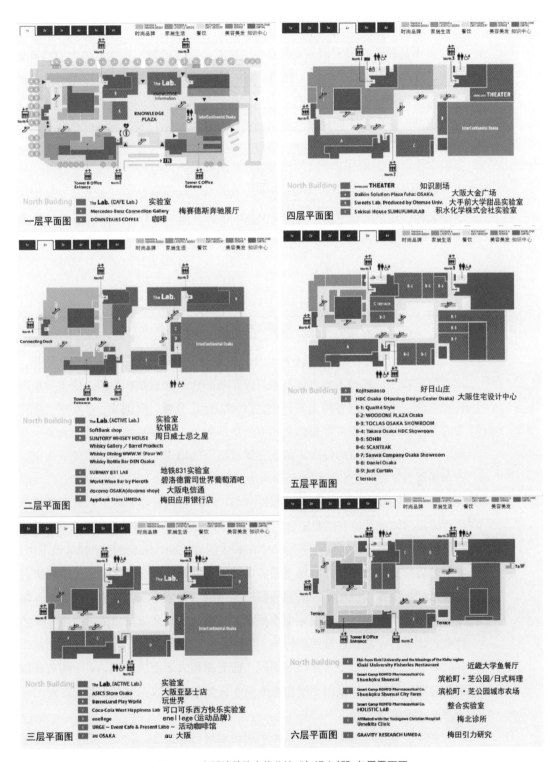

图 5-32　大阪站前综合体北馆"知识之都"各层平面图

5.4 地下商业街

日本是轨道交通大国，尤其是东京拥有全世界最长、客流量最大的轨道交通网。在东京首都圈，地铁、轻轨、新干线及短途联络线等有 50 多条。日本轨道交通的最大特色之一是与商业的一体化。与车站连接的地下商业街在日本许多城市都发展出不小的规模。日本一些经济学家表示，发展与商业社会及居民生活密切相关的城市铁路，是二战后至今东京城市化快速发展、城市经济繁荣的最关键因素。

目前日本比较知名的地下商业街（区）有：天神地下街、东京站八重洲地下商业街、丸之内地下街、大阪梅田地下街等。地下街分布在日本 21 座主要城市中，其总面积约为 110 万 m^2，其中大约 80% 集中于东京大都市圈内。

5.4.1 特点

日本的地下商业街具有以下特点：

（1）功能——交通与商业相结合　日本地下街是一个综合体，既有商业，也有停车功能，且地下街直接与地下停车场和轨道交通站相连接，停车和换乘比较方便。地下街内各种设施齐全，设有银行、公厕、问讯处、母婴室、防灾中心等多种设施，为游客提供全面而便捷的服务。大多数地下街的商业集中在地下一层，地下二层为停车，地下三层或以下为轨道交通。在东京地下街中，停车场所占比重与公共步行通道和商店面积的总和相近。

（2）规章制度——确保安全性　早在 1930 年，日本东京上野火车站地下步行通道两侧就开设有商业柜台，从而形成了"地下街之开端"。日本第一条，也是世界上第一条地下商业街是 1957 年在大阪建成的 Namba NANNAN 地下街。随着轨道交通和与之相伴的地下商业街的快速发展，1973 年之后，由于火灾，日本对地下街建设规定了一系列限制措施，从而形成了一套较为健全的地下街开发利用体系。1973 年后制定的这些政策，出于安全防灾的目的，对地下街中商业占比进行了限制。按照新标准，地下街中商业所占面积应小于通道面积，同时两者之和应大致等于停车场面积。通道面积大于商店面积，对于防灾疏散更为有利。另外，也是出于平衡地下商业投资和开发成本与地下商业之间的竞争关系，减少所谓的"不公平"。

如今，日本针对地下空间资源利用的法规已有很多，如关于地下空间权益的有《大深度法》，其中规定，私有土地地面以下 50m 以外和公共土地下的地下空间使用权归国家所有。政府在利用上述空间时无须向土地所有者进行补偿。另外，关于地下空间建设的有《都市计通法》《建筑基准法》《驻车场法》《道路法》《消防法》《下水道法》等。

对于地下商业街来说，最关键的问题可能是防灾问题了。日本各地下商业街也采取了严格措施，例如，东京八重洲地下商业街（图 5-33），建筑面积约 14 万 m^2，针对防火、抗震等防灾需求采取了一些措施，如顶部安装了 800 个感烟器，可自动洒水灭火；每隔 50m 有消火栓；自动发电设备应对火灾、地震时突然停电问题；八重洲地下街还采用了各种耐震的建筑构造。

图 5-33　东京八重洲地下商业街

（3）开发模式　日本地下商业街的开发一般采用"股份合作"或"企业独资"模式。与商业街相关的地下空间基础设施则由政府主导，如地铁和大型地下共同沟、公共交通换乘站都由政府修建。股份合作多为公共地块下修建地下商业项目，政府可用土地权入股，企业出资，合作开发。

如东京八重洲地下街项目，东京都政府首先采用招标形式出让地下空间特许私营权，共有 7 家公司拟投标来投资建设。由于竞标者多，东京都政府建议 7 家公司共同组建为一个公司投资建该项目。经协商，7 家公司共同出资组建了企业法人八重洲地下街株式会社，共享利益、同担风险。公司每年向政府上缴经营权使用费，而政府对地下街的公共通道部分的日常费用如照明电费、空调设备等费用给予补偿。

5.4.2　分类

日本地下街可以按如下几种方式进行分类：

（1）按规模分类　见表 5-13。

表 5-13 日本地下街按规模分类案例

规模分类	商业建筑面积	案例
小型	≤ 30000m²	大阪钻石地下街、大阪虹之町地下街（一期）、名古屋中央公园地下街、东京歌舞伎町地下街、福冈天神地下街、横滨波塔地下街
中型	>30000m²，≤ 50000m²	大阪梅田地下街
大型	>50000m²，≤ 100000m²	东京八重洲地下商业街、大阪阪急三番街、大阪长堀地下街

从规模来看，日本5万 m² 以下的中小型地下街占了较大比例，并且以 30000m² 左右居多（见表 5-14）。

表 5-14 日本部分地下街商业面积占比表

地下街名称	商业建筑面积合计 /m²	营业面积 /m²	其他面积（交通、设备等，扣除停车层）/m²	营业面积占比
大阪虹之町地下街（一期）	29480	14160	15320	48%
名古屋荣森地下街	20376	9308	11068	46%
东京歌舞伎町地下街	15727	6884	8843	44%
横滨波塔地下街	19216	10303	8913	54%
福冈天神地下街	11520（不含地下二层）	4150	7370	36%

据有关统计，日本地下街可分为设停车场和不设停车场两类。对于设置停车场的地下街，商店、公共通道、停车场、设备间的建筑面积构成平均比例为 19：23：40：18；作为对比，不设停车场的地下街比例为 45：35：0：20。

（2）按地下街位置分类　见表 5-15。

表 5-15 日本地下街按位置分类案例

位置		案例
城市公共道路或绿化下方	车站下方	阪急三番街
	道路下方	福冈天神地下街、大阪长堀地下街
	绿地下方	名古屋荣森地下街
私有地块下方		东京丸之内
混合式	混合了城市公共设施用地和私有地块下方	大阪钻石地下街（地块内＋城市道路）、大阪梅田 Whity 地下街（地块内＋城市道路）、东京八重洲地下街（车站下方＋城市道路）、横滨波塔地下街（车站一侧）、新宿地下街

（3）按商业动线形态分类　见表 5-16。

表 5-16　日本地下街按商业动线形态分类案例

形态分类	案例	平面布局图
一字形	福冈天神地下街	
△ / □形	大阪钻石地下街	
中心发散形	大阪梅田 Whity 地下街	
T 形	东京八重洲 地下街	

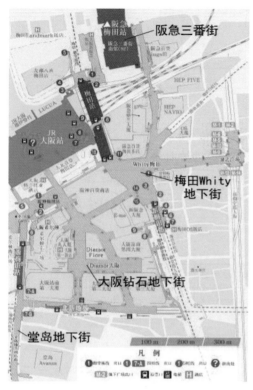

图 5-34　大阪梅田站地下商业街构成

5.4.3　业态

从业态来看，日本地下商业街的一大部分客流为地铁客流，业态以"便利型、即时型及时尚型"为主。零售占比较多，以女装、礼品、生活文化店为主。餐饮以轻餐为主，主要分布在广场节点及出入口处。另外服务设施也比较丰富，如银行、旅行社、修鞋店等。

5.4.4　案例

1. 大阪梅田地下商业街区

大阪梅田站的铁路系统非常复杂，地下步行系统以 JR 大阪站和梅田站两个车站为核心向外延伸，并将三大百货公司——大丸百货、阪神百货、阪急百货及 HEP FIVE 购物中心等商业体在地下全部连通起来，构成了一个比较复杂的地下商业街。该街区目前主要由四大部分构成：车站（JR 大阪站和梅田站）商业区、梅田 Whity 地下街、堂岛地下街及钻石 Diamor 地下街（见表 5-17）。其中梅田站地下商业区又称为阪急三番街（图 5-34）。

表 5-17　大阪梅田站地下商业街区构成

街名	规模 / 简介	特色	业态
阪急三番街	8 万 m² （地下 2 层、地上 1 层）	采用水元素，用瀑布、雨丝、喷泉、溪涧、水池等把三层商业连为一体	南馆地下一层是女装和绅士时装街，北馆地下一层有专门销售儿童玩具和各种模型的 Kiddy Land，南馆和北馆地下二层是食品餐饮街
钻石 Dimor 地下街	14m 宽通道，4 街交汇处为圆形广场，90 家商店（地下二层 340 个停车位）	欧洲街风格，自然阳光；以位于意大利米兰中心的艾曼纽二世回廊为原型，当中存在各种各样的艺术元素	以女性为目标客群，由轻松、时尚、多样、行销四个主题构成，业态包括时装、杂货、餐饮
梅田 Whity 地下街	全长 1.6km，1963 年开业，191 家店铺，建筑面积 31336m²，商业营业面积 13720m²	以地铁御堂筋线梅田车站为中心，呈放射状的地下街	餐饮、时装、小礼品、土特产等
堂岛地下街	长约 250m，开业于 1966 年，连接地上各座办公楼，共 60 家左右店铺，共 8122m²	体现摩登色彩和感觉，富有亲切感的设计	餐饮店、书店、刻印店、修鞋店、按摩店、CD 店等

（1）规划设计

1）地上、地下商业一体化。大阪梅田地下街系统把大阪站南侧和东侧地上各个商业地块在地下连为一体，连接了大丸百货、阪急百货、阪神百货、HEP FIVE、HERBIS（图5-35）。事实上，这一地下街区并非一蹴而就，而是伴随着1961年到1983年历时22年的大阪站前区域旧城改造而由点到线、由线到面逐步形成的。由于大阪站前城区地上部分改造的成功，吸引了大量人流，使该区域成了大阪商务、文化和娱乐中心，但同时也给地面交通带来了巨大压力。1987年至1988年，大阪市制定计划，从1988年到1995年，共投资500亿日元，建设大阪站前梅田区域地下交通体系，用以改善地面交通状况。地下交通体系主要设了两层，地下一层为地下商业街，地下二层为停车场，该系统用联系原有各大楼地下空间及地铁御堂筋线的梅田车站，最终形成一个庞大的地下步行和停车系统，从而有效分流了地面车流和过街人流。

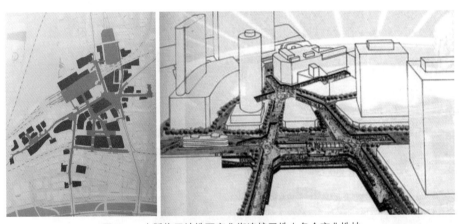

图5-35　大阪梅田站地下商业街连接了地上各个商业地块

2）舒适的地下空间设计。大阪梅田区域地下街为吸引商业人流，在地下街的设计上采取了不少措施：

①采光天井。除了在道路正下方的商业街无法采用天然采光外，其他区域的地下商业街尽量采用了采光天井，如钻石Diamor地下街作为档次较高的地下街，用高高的采光天井结合较高的装修格调和14m宽的通道尺度，营造了类似地面商业的空间感（图5-36）。

②下沉式广场入口。与地面大楼的连接处设置了下沉式广场，为地下街争取采光，且通过出色的景观设计，吸引人流。

③节点设置。钻石Dimor地下街和Whity梅田地下街均设有广场节点，一般位于几条流线的交汇处，既形成有特色的具有辨识度的标志性空间，又利用内部人流的疏导和集散，如钻石Dimor地下街在4条街道汇合处设有一个圆形

广场（图 5-37）。

钻石 Diamor 地下街基本指标见表 5-18。

表 5-18　钻石 Diamor 地下街基本指标

动线形状		三角形	总建筑面积		40500m²	总进深	约 40m
出入口数量		34 个	覆土深度		2.5m	停车数	340 个
店铺数量		102 个	出入口宽度		3m	分区数量	4 个
地下一层	通道广场	12800m²	广场数量		1 个		
	店铺	7200m²	地下二层	停车场、设备房	18600m²	洗手间	4 个（每个分区 1 个）
	防灾、设备房、洗手间	1900m²				垂直梯	5 个（每个分区 1 至 2 个）
	合计	21900m²				楼梯	1 个

图 5-36　钻石 Diamor 地下街采光天窗设计

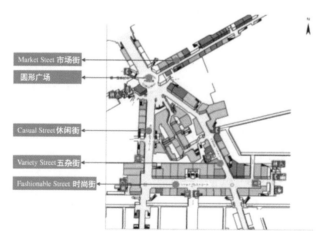

图 5-37　大阪钻石 Diamor 地下街的 4 条主街

（2）业态组合　从业态组合来看，还是以时装、餐饮、杂货等为主。零售比例达到 50% 以上，比较日本其他几个地下街项目，如东京八重洲、大阪长堀地下街、福冈天神地下街等，大阪梅田区域的地下街餐饮比例不高，为10%~20%，可能与此处的定位档次有关。如钻石地下街档次较高，甚至引入了部分国际二线品牌。另外，娱乐休闲设施极少，但便民服务设施倒有不少，且布点较多，包括银行、旅行社、邮局等，约占 10%，这也大大方便和吸引了旅游客群。

（3）商业运营　大阪梅田地下街区庞大而复杂，可以说是大阪最热闹的购物商圈之一。为配合地下街的运营宣传，日本地下铁经常会组织"真人探险活动"，这一方面吸引了民众，另一方面也刺激了地下铁商业的发展。大阪梅田地下街也仿效东京地下铁，举办深夜迷宫逃脱等活动，有网友表示："梅田地下街白天都已经比迷宫绕了，在黑夜中玩逃脱游戏该有多刺激！"可见，地下商业街的宣传营销也别有一番特色（图 5-38）。

图 5-38　大阪地下街"真人探险活动"宣传广告

从项目运营来说，为确保地下、地上商业运营的整体性和协同性，在项目出资比例上，铁道公司也会与百货公司携手合作，如钻石 Diamor 地下街株式会社阪神百货店占比 40%，阪神点气铁道株式会社占比 60%，这样以保证地上、地下在业态布局上的互补和统一。

（4）设计研究

1）主题式街道及广场。梅田地下街由丰富的点、线、面构成。由于地下街区庞大复杂，分区和街道主题对于区分这些点、线、面，提高地下空间的辨识度起到了很大的作用。以钻石 Diamor 地下街为例，4 条主要的街道分别被命名为 Market Street 市场街、Casual Street 休闲街、Fashionable Street 时尚街、Variety Street 五杂街，不同街道的业态和设计也各有特色。Market Street 由众多小面积的专卖店如化妆品、鞋类、数码电子等组成，另有部分花店、药店等服务业。Casual Street 以小面积的女装服饰专卖店为主。在此区域有一面特别的音乐墙，墙面上有巨大的乐器浮雕，触摸时会发出不同的声音。Fashionable Street 通过玻璃顶引入了自然采光，非常宽敞明亮，这里除了服装专卖店之外，以餐饮为主。Variety Street 则主要是鞋店、眼镜店、CD 店、皮色店、书店等。每条街道长度在一两百米，店铺进深基本上在 5~10m，除了 Variety Street，店铺进深仅为 3~5m。类似的，Whity 梅田地下街（图 5-39、图 5-40）全长 1.6km，但也分为南街、中心街、东街、北街、Petit Champs、d'Elysees 商场等，东街还有标志性的喷泉广场，模仿意大利米兰的喷水池。通往北面阪急三番街的北街为餐饮街，通往 suncity 288 太融寺方向的东街既有餐饮，也有服装店，而中心街则是选购小礼品、土特产的首选目的地。

图 5-39　Whity 梅田地下街

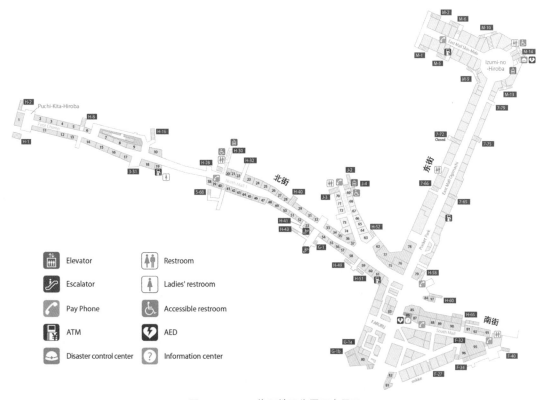

图 5-40　Whity 梅田地下街平面布局图

2）面积配比。梅田地下街区由于商业主要位于地下一层，停车位于地下二层，从地下空间建筑面积的构成来看，商铺公共通道面积之和与停车、设备用房面积之比基本上为 1：1。从商业层来看，由于商铺普遍进深较小，公共通道面积不小于店铺面积。据统计，几个街区中商铺面积占总地下空间建筑面积为 15%~30%。

2. 汐留[⊖]中心区地下街

如果说大阪梅田地下街、东京八重洲地下街均是以车站为起点，向站点周围辐射发展而形成的地下城市空间，主要用于减轻车站周围地区人流、车流的负荷，汐留中心区地下街开发则是日本地下空间开发进一步与城市再生相结合

⊖ 1872 年 10 月 14 日，日本第一条铁路——新桥至横滨（车站位于今樱木町）之间约 29km 的铁路正式通车，成为明治维新的重要成就之一，因此，汐留是日本铁路的发祥地，由美国建筑师设计的砖造洋楼——新桥停车场也在当天启用。因为是离中心街区最近的车站，北侧不远处是银座"炼瓦街"南端，因此成为当时东京对外交通的主要门户。1914 年，新桥停车场改名为汐留站，战后成为东京最大的物流集散地。1999 年，汐留开始进行大规模的区域再开发计划，打造多功能复合都市"Sio-site"，被称为"都市最后的超大型再开发计划"。

的典范，地下街成为启动城市新中心的强心剂，通过整合城市交通枢纽、城市公共空间、建筑设施、公园绿地等，形成了城市核心区的地上、地下一体化发展。

（1）规划设计　汐留中心区原本是国铁汐留货运站，当货运站废业之后，留下的大片土地经过再开发，形成了今日的汐留（Sio-site）。这里有13栋高层办公大楼、4座旅馆，以及四通八达的空中步道、地下空间，共同形成一个可以容纳6万人工作、超过6000人居住的复合都市（图5-41）。

汐留 Sio-site 共分为四大片区、八个主要街区，占地 31hm²，总建筑面积达 168 万 m²，包括多家企业与机构总部，如电通、日本电视台、松下电工、资生堂、共同通讯社等，是一个以超高层建筑集群为特点的东京新金融、商业和文化副中心（图5-42）。

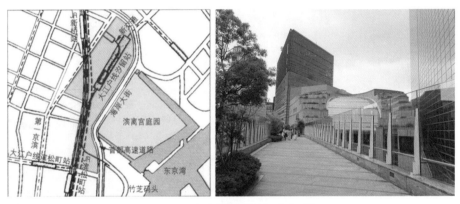

图 5-41　日本汐留地区规划区位和形象

图 5-42　日本汐留地区四大功能分区

1）四大片区。A、B、C、D、E、H、I街区和西街区等八个街区。

四大片区分别为：

新桥—银座片区（包含A、B、C街区），容积率最高为12，5条轨交线。

新桥片区（包含D北和E街区），容积率最高为9，两条轨交线。

滨松町片区（包含H和I街区），容积率最高为9。

新桥—滨松町片区（包含D南和西街区），容积率最高为7。

2）立体交通。汐留地区共有8条轨道线路，且经过该地区两大重要枢纽站，因而是东京中心区重要的交通节点。汐留地区结合轨交系统及公交系统，采用了立体化交通，实现了各个地块的互联。区域内有4条专用的步行者通道及联系整个区域的空中步行平台（图5-43）。

区域内的交通分为五个层面：地下二层为地铁区间层；地下一层为步行商业空间，同时连接各个地铁出口，是人流汇集和商业展示的主要场所（图5-44）；地面层主要用以解决车行交通，减少人行穿行；地上二层通过连廊将

图 5-43 日本汐留地区空中步行平台

图 5-44 日本汐留地区地下一层下沉式广场

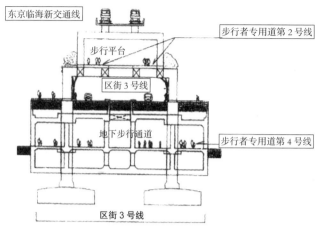

图 5-45 区街 3 号线横断面

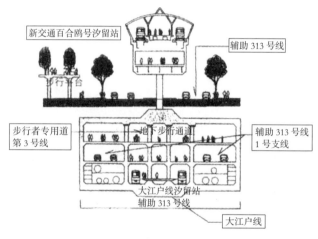

图 5-46 辅助 313 号线横断面

各个建筑串联起来，并将一般布置在地面层的城市景观提升到这个层面；地上三层为轻轨交通层（图 5-45、图 5-46）。

（2）设计研究

1）地下步行商业空间。整个汐留中心以大江户线为轴线布置了两层步行系统，并且在 A、B、C、D、E 5 个街区之间形成了一个丁字形的以地下一层为主、包括了局部地下二层的地下步行商业空间（图 5-47）。该步行商业空间一方面连接了新桥站和汐留站两个地铁站，而且把 5 个街区的高层塔楼在地下通过下沉式广场连接在一起。地下空间分为两个部分，一部分是地铁区间上方的地下一层公共步行空间层，以疏导人流为主（图 5-48）。考虑到这五大街区为汐留中心密度最高的区域，公共步行空间层规划得比较开敞，在其中结合布置了一部分商亭。而商业集中区域主要布局在 A、B、C 街区与 D、E 街区的地下二层交界处，即下沉式广场周边、每个地铁塔楼及其裙房对应的地下部分。地下二层商业也主要规划在 A、B、C 和 D、E 街区的过渡交界处。地下商业的业态以餐饮、时装、杂货为主，还包括了生活服务、医疗等辅助业态。

2）二层步行系统与地下步行系统的整合。汐留站的二层天桥不仅仅是空中的步行走廊，更是形成了一座四通八达的景观平台。这座平台与地面、地下有楼梯、自动扶梯及垂直客梯相互连接，使得垂直向的交通联系非常方便。在这种布局下，地下一层和地上二层成为人流利用率非常高的层面，甚至高于地面。当然，这样的布局有利有弊。当空中和地下更有利于人的步行时，地面层人流反而变得稀少了，成为了一个以机动车交通为主的层面。

局部地下二层商业　　　　地下一层商业步行区

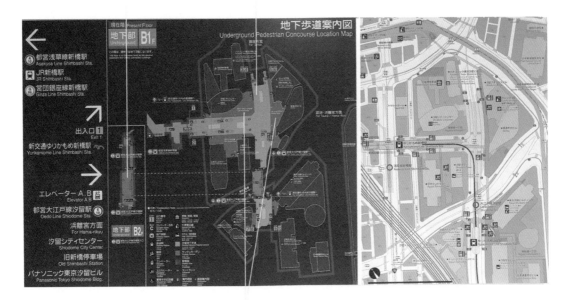

下沉式广场

图 5-47　汐留站地下步行空间平面图

图 5-48　汐留站地下步行公共空间

第 6 章
美国商业建筑经典案例剖析

美国对现代商业建筑发展最大的贡献是美式购物中心。购物中心作为一种集聚型的高级商业形态，是在百货商店和超级市场之后才产生的。1925年，美国密苏里州堪萨斯的郊区出现了世界上第一家购物中心——乡村俱乐部广场（County Club Plaza）。1931年，得克萨斯州的达拉斯高原广场购物城（Highland Park Shopping Village）建成，并被认为是世界上第一个标准的购物中心，因为它符合现今美国国际购物中心协会对购物中心的基本描述：该购物中心由单一所有权人统一管理，并拥有综合性的商业业态，如购物中心里包括零售商店、银行、美容店、发廊、电影院、办公楼等。之后，在经历一段较长时间的成长与发展后，到20世纪七八十年代，建造购物中心又开始成为美国旧城复苏的一项重要措施。人们称之为"节日市场"（Festival Market），并认为它是城市中心最具吸引力的消费场所。当时比较著名的购物中心有纽约南街海港（South Street Seaport）购物区、巴尔的摩海湾港口场地（Harbour Place）购物中心等。20世纪八九十年代，美国的购物中心又经历了一次迅速发展，此时主题性购物中心大量出现，典型案例有加利福尼亚新港市（New Pork City）的时尚岛（Fashion Island）休闲购物区等（图6-1）。

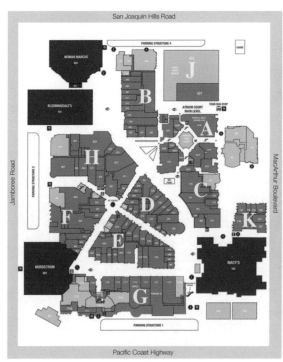

图6-1　洛杉矶时尚岛（Fashion Island）

（左图：商业平面布局图；右上、右下图：内部实景图）

美国购物中心的发展体现了美式消费文化的变化。从 20 世纪 50 年代，直到八九十年代，传统的美国购物中心也是许多人生活与社交的中心。从 1956 年到 2005 年，超过 1500 家大型购物中心曾在美国全国拔地而起。自 2006 年开始，美国境内再无新开张的购物中心。现在美国境内仍有超过 1200 家购物中心。应该说，美式购物中心模式对其他国家购物中心的形成和发展都有很大的影响。

6.1　分类

（1）盒子型购物中心　早期的美式购物中心采用了封闭式"大盒子"的做法，这些"大盒子"一般不超过两层，并坐落于郊区。这种盒子型购物中心具有以下特征：哑铃形的布局形态，大型主力店常设在两端；一条室内主街串接起各个店铺；周边设有庞大的停车场；传统的美食广场为购物体验增添了更多的社交元素。

（2）节日 / 主题型购物中心　该类购物中心一般商业总租赁面积在 8 万 ~25 万 ft²（约合 7432.24~23225.76m²），往往以餐饮和娱乐店为主力店。节日 / 主题型购物中心除了吸引本地客群之外，还能吸引一定数量的游客。它以旅游休闲为导向，设有传统的主力百货店，适合作为一种风险投资。美国在 20 世纪八九十年代出现了大量此类购物中心，开发商为了打造更强大的市场竞争力，应对同质化竞争，通过建筑形式、业态组合、展示方式等方面的创新来满足更细分群体的需求。如美国拉斯维加斯的凯撒宫广场以北的凯撒宫购物中心，把"古罗马"和"亚特兰蒂斯"两大文化题材相互融合。该购物中心的核心体量是一个直径达 48m、高 26m 的罗马会堂，顾客仿佛身在古罗马的城堡中。凯撒宫购物中心还设有大量餐饮和娱乐设施来完善商业功能。在形式上除了用建筑表现主题外，购物中心采用了大量的科技手段和现场演员，通过视频效果复活古罗马神话人物，并且结合现代科技手段如投影、动画和水景技术再现亚特兰蒂斯的下沉过程，使得主题表现更为生动真实。在欧美文化中，"古罗马"和"亚特兰蒂斯"主题具有深厚的影响力和感召力，凯撒宫购物中心也因此形成了独特的魅力和市场竞争力（图 6-2）。

（3）生活方式购物中心　封闭式购物中心曾经在美国盛行一时，并向世界各地蔓延，反映了现代生活方式的全球性扩展。但之后"大盒子"购物中心开始走下坡路。而在 20 世纪初出现的购物中心的变迁，使得美国数百家逐渐走向衰亡的购物中心转变为混合使用的社区空间，即生活方式购物中心。生活方式购物中心这种商业类型获得了快速发展。生活方式购物中心有别于传统的购物中心，它不是一个封闭空间，而是将景观、建筑、商铺等各种因素科学地结合在一个开放的环境中，为人们提供放松、休闲的场所。如美国盐湖城的"城市溪流中心"（City Creek Center）项目，就是以溪流为中脊，将零售店、办公楼、住宅楼有机地串联起来，从而打造出一个优雅闲适的城市空间（图6-3）。

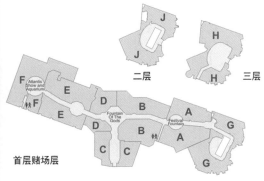

图6-2　美国拉斯维加斯凯撒宫购物中心

（左图：室内实景图；右图：平面布局图）

图6-3　美国盐湖城城市溪流购物中心

（左图：鸟瞰实景图；右图：人视实景图）

6.2　案例

6.2.1　盒子型购物中心

1. 美国购物中心（Mall of America）

美国购物中心是美国最具规模的一个封闭式购物中心，由4个本地百货品牌——Macy's（梅西百货）、Bloomingdale's（布鲁明戴尔百货）、Nordstrom（诺德斯特龙百货）及 Sears（西尔斯百货）构成 4 个主力店，并分别配置于商场的四个角落（图 6-4）。购物中心内有超过 520 间零售商铺、80 间餐厅，分布于 3 个楼层，娱乐等设施布置于四层（见表 6-1）。

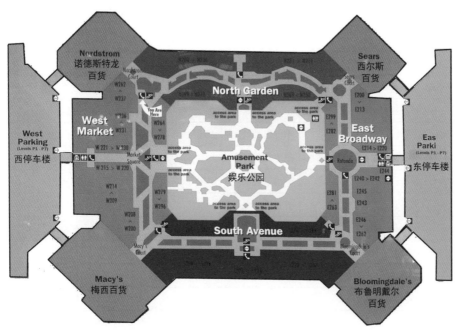

图 6-4　美国购物中心（Mall of America）二层平面布局图

表 6-1　项目档案

开发商	Triple Five 三五集团	总建筑面积	420 万 ft²（约合 39 万 m²）
可出租的商业面积	250 万 ft²（约合 23 万 m²）	开业时间	1992 年 8 月
投资金额	6.5 亿美元	停车位	12750 个（两个大型停车场）
动力店	Nickelodeon 世界乐园、MOA 公园、水族馆、18 洞迷你高尔夫球场、14 屏幕电影院、四大主力百货、NASCAR（美国赛车协会）虚拟赛车场地、A.C.E.S. 飞行模拟中心、LEGO 想象中心、"爱之教堂"		
项目定位	超级购物娱乐中心		
项目地址	布鲁明顿，明尼苏达州 55425		

（1）规划设计

1）主力店布局。美国购物中心具有非常典型的美式购物中心的布局特点（见表 6-2）。四大百货位于四角，其总经营面积占总商业面积的 1/3，对商场的消费带动起到了关键作用。除此之外，还有很多吸引人气的次主力店。美国购物中心丰富的娱乐主力店使其不仅吸引了当地的购物人群，也使大量旅游客群乐此不疲。四层是美国购物中心的娱乐层，这里还提供了面向成人的娱乐设施，包括 America's Original 运动酒吧、Knuckleheads 喜剧俱乐部、Gatlin 兄弟音乐城、Gators 跳舞俱乐部、Fat Tuesday 冰饮吧和 Hooters 餐馆等，以及一些主题餐饮店，如加利福尼亚咖啡、好莱坞星球餐厅、纳帕溪谷餐馆和雨林咖啡等。

表 6-2 美国购物中心的布局

		店名	说明	面积
百货主力店	1	Bloomingdale's（布鲁明戴尔百货店）	中高端百货	2 万 m²
	2	Macy's（梅西百货公司）	中高端百货	216 万 m²
	3	Sears（西尔斯百货）	中低端百货	1.65 万 m²
	4	Nordstrom（诺德斯特龙百货）	较年轻的百货店	2 万 m²
次主力店	1	Barnes & Noble	美国最大的实体书店	—
	2	Best Buy（百思买）	著名消费电子零售商	—
	3	DSW	著名鞋类零售商	—
	4	Marshalls	著名折扣店，主营服装、鞋、家居用品	—
	5	Old Navy（老海军）	人气品牌、GAP 旗下产品	—
	6	Microsoft Store（微软商店）	著名计算机软件生产商	—
	7	America Girl	著名女童装品牌	—
娱乐店	1	Nickelodeon Universe（尼克宇宙）	世界最大的室内游乐场	—
	2	MDA 公园	全美最大的室内家庭游乐场	占地 7 英亩
	3	Underwater Adventures Aquarium（水下探险水族馆）	120 万加仑的大型走廊式水族馆，馆内有超过 100 条鲨鱼和 4500 多种海洋生物	—
	4	LEGO（乐高）想象中心	共有 4 层，内有 30 个巨大的模型，一个世界最大的 LEGO 时钟塔	—
	5	Moose Mountain（驼鹿山）	18 洞的迷你音乐球场	—
	6	A.C.E.S（飞行模拟中心）	仿空军训练使用的飞行模拟器而建	—
	7	NASCAR（美国赛车协会）虚拟赛车场地	—	—
	8	14 屏幕的多厅影院	—	—

2）以室内游乐场为核心。美国购物中心室内以大型游乐场"尼克宇宙"为中心，并环绕了一圈店面，其顶上有一个 2.8 万 m² 的巨大天窗，使其充满了户外游乐场的感觉（图 6-5）。美食广场也与游乐场相邻布局，使得餐饮和娱乐两种业态共享客源。

图 6-5　美国购物中心室内大型游乐场

规划设计基本信息见表 6-3。

表 6-3　规划设计基本信息

	区位	布鲁明顿双子城地区，州际公路和 77 号高速公路交界东北处	商业动线特征	回字形
外部交通	公交线路	距圣保罗国际机场仅 2.4km	出入口数量	4 个主入口
	地铁交通	轻轨线	中庭数量	8 个
	其他	—	电梯数量	11 处垂直电梯

（2）主题设计　美国购物中心内部形成了矩形动线，每条边均有不同的建筑主题，并采用了与各主题匹配的装饰风格。如北侧通道被称为北部花园（North Garden），采用绿色作为主题色，并有露台、木架等元素（图 6-6）；南侧通道名为南部大道（South Avenue），风格典雅，主题色调为乳白色（图 6-7）；西侧通道称为西部市场（West Market），是 19 世纪后期欧洲拱廊的主题风格；东侧通道称为百老汇（East Broadway），用各种霓虹灯元素表现现代风格；四楼的 East Broadway 设有酒吧和夜总会，类似都市里的娱乐区。这种做法可以保持购物者较长的新鲜感，并缓解长时间室内行走的压力。

245

图 6-6　美国购物中心的北部花园

图 6-7　美国购物中心的南部大道

（3）商业效益 美国购物中心每年接待游客 4000 多万人次，游客人数超过了迪士尼、大峡谷和格斯乐园的游客总和。由于其将娱乐、旅游和购物成功地融合在了一体，其商业辐射范围从明尼苏达州扩大到整个北美地区，并吸引了大量境外游客。差不多每 10 个顾客中就有 4 名游客。美国购物中心完全建成后共分为一、二两期（图 6-8），总建筑面积达到 52 万 m^2，并超过了西埃德蒙顿成为最大的购物中心。从经济效益来看，美国购物中心表现极佳，每年创造 19 亿美元的经济效益。第二期[一]完成之后，会达到 43 亿美元，顾客每次在该购物中心的平均消费要比全美其他的商场高出 52%。

（4）设计研究 美国购物中心的独特之处，一方面在于其超大的规模，另一方面是娱乐和餐饮的战略组合，而这两点也是相辅相成

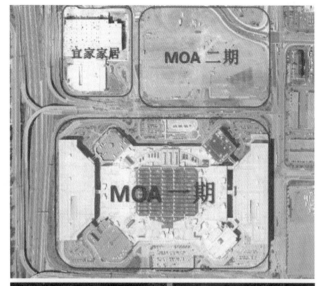

图 6-8 美国购物中心分期
（上图：一、二期布局；下图：二期效果图）

的，并创造了美国购物中心的成功。应该说，美国购物中心开创了"娱乐零售"的新概念，它改变了美国西北部地区人们的购物习惯，也成了全球闻名的旅游景点。购物中心每年要举办 300 多场不同的促销和娱乐活动，有明星演唱、土著印第安人表演、慈善募捐、艺术展览等活动。购物中心还专门成立了明星步行者俱乐部。

美国购物中心还注重与社区的融合，为社区居民提供了公共服务。比如，为附近居民提供锻炼身体的场地，以赢得顾客的信任和黏性。当然，美国购物中心还注重对游客的吸引，如除了免费为顾客提供停车位之外，还专为 Bloomington 各酒店及当地国际机场提供免费的来往巴士，用于承载游客。可见，

⊖ 二期也是 4 层结构，并与一期对接。该项目二期设有酒店、零售、娱乐设施，还计划兴建一个符合北美职业冰球联盟（NHL）规格的溜冰场。

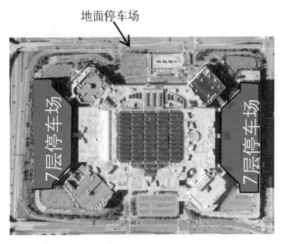

地面停车场

7层停车场

7层停车场

图 6-9　美国购物中心停车场布局

独到的业态组合和周到细致的服务策略，使得美国购物中心的客流源源不断。它的商圈半径也已远远超过了一半的超区域级购物中心。

从布局上来说，美国购物中心动线布局非常高效，没有死角。该购物中心配套有 28000 个免费停车位，停车配比相当高，充分考虑了自驾出行的消费者的需求。在停车布局上，也考虑到了使用者的方便性和步行距离。比如，为了使消费者抵达商铺的步行距离不超过 300ft（约合91.43m），美国购物中心设置了两处大型的 7 层停车楼和多处分散布置的地面停车场。这也反映出美国购物中心开发商在最初规划布局上的仔细和用心（图 6-9）。

2. 拉斯维加斯时尚秀购物中心（Fashion Show Las Vegas）

美国时尚秀（Fashion Show）购物中心位于美国拉斯维加斯大道上，以时尚为主题，晚上放映各种娱乐秀。作为拉斯维加斯大道上最大的购物目的地，美国时尚秀（Fashion Show）购物中心也是全美最大的购物中心之一，既有奢侈品零售店，也有宠物用品店，拥有七大百货主力店、250 个品牌专卖店和 25 家美食餐厅（见表 6-4）。

表 6-4　项目档案

开发商	美国通用增长地产（General Growth Properties Inc.）	总建筑面积	18.6 万 m²
商业面积	175.1 万 ft²（约合 16.23 万 m²）	开业时间	1981 年初建开业，2003 年完成改建和扩建
投资金额	—	停车位	7 处代客泊车服务点、两处地面停车楼及地下停车场
项目定位	中高端购物中心		
主力店	Forever21、Macy's Men's、Bloomingdales and Neiman Marcus、Macy's、Dillard's、Saks Fifth Avenue、Nordstrom 等		
项目地址	3200 Las Vegas Blvd S.ste.600，Las Vegas，NV 89109		

（1）规划设计

1）特色空间。正如其名字宣传的那样，美国时尚秀购物中心以"时尚秀场"为主题，其室内中庭拥有 80ft（约合 24.4m）长的可伸缩的天桥。在超级秀场大厅，配备了最先进的技术和视听控制台的独特空间，时装秀天桥每逢周末都会展开，一天7次，提供各式时装秀表演（Live Runway Shows），以让人在购物的同时欣赏时尚表演，了解时尚动向（图6-10）。

2）平面特征。美国时尚秀购物中心以地面上2层为主，还有局部3层，三层为美食广场，动线为最高效的一字形动线，在动线两侧为中小型店铺与八大主力店穿插布局的方式，中小店铺密布于动线两侧，主力店则采用"口袋式"的布局方式。面向拉斯维加斯赌场大道共设有两个出入口，且在此处结合户外的空间形成了一个餐饮广场。三层美食广场可容纳1000名顾客，巨大的落地窗环境使顾客可以俯瞰拉斯维加斯赌场大道景观。整个购物中心在靠近拉斯维加斯大道处有一个非常有特色的约有72000ft^2（约合6689.02m^2）的户外美食广场，广场覆盖在巨大的"云顶"之下，可用于举办多媒体时尚秀和各类活动（图6-11）。

规划设计基本信息见表6-5。

图6-10　美国时尚秀购物中心里的时装秀表演

图6-11　美国时尚秀购物中心入口的云顶及其覆盖的广场

表 6-5　规划设计基本信息

外部交通	区位	位于 1—15 号州际公路春山路出口处，与拉斯维加斯赌场大道交汇处	商业动线特征	一字形
	公交线路	4 处公交站	出入口数量	3 个
	地铁交通	—	中庭数量	4 个
	其他	—	电梯数量	4 处垂直客梯、7 处自动扶梯

（2）业态特色　项目业态以零售为主，餐饮为辅。零售品牌又以大量的旗舰店、专卖店来吸引游客，如 Ann Taylor、Arden、L'occitane En Provence、Ben、Bridge、Jeweler 等。时尚秀商场以其品牌汇聚力和富有特色的 T 台秀表演，每年吸引了顾客近 1300 万人次，是一个颇受欢迎的大型购物中心（图 6-12）。

（3）设计研究

1）标志性入口设计。美国时尚秀购物中心的入口往往是最重要的城市展示面，要吸引客流必须具有强烈的标志性和可识别性。美国时尚秀购物中心以一个距离地面 128ft（约合 39m）高、480ft（约合 146.3m）长的"云状"顶棚覆盖其入口空间，在拉斯维加斯众多商业项目中别具一格，脱颖而出。这个巨形顶棚白天可以遮荫，晚上则有星空闪烁的效果，还可以将各种图像和广告投射到其底部。

2）表演与零售空间的完美结合。美国时尚秀购物中心在其动线纵深处布置了一处长形的中庭空间，在这里结合首层布局了一个 T 形舞台，两层的中庭环廊和空中连桥面向 T 形舞台，在举办时尚秀的时候，炫彩的舞台灯光和表演大大地提升了整个商业氛围，吸引了大量人流驻足。

图 6-12　美国时尚秀购物中心室内

3）主力店与专卖店的布局模式。美国时尚秀购物中心的平面布局是非常经典的美国购物中心模式。多主力店布局在一个商场中，主力店主要分布在两端。该购物中心在整个动线两侧布置了一系列的主力店，每边有 3~4 个，并与专卖店穿插结合。由于结合用地，部分主力店前端与主动线接驳线路较长，形成了一些十字支路，如 Macy's Men's、Neiman Marcus，为避免形成尽端路，影响商业效益，在支路末端设置了自动扶梯，加强了垂直交通上的联系（图 6-13）。

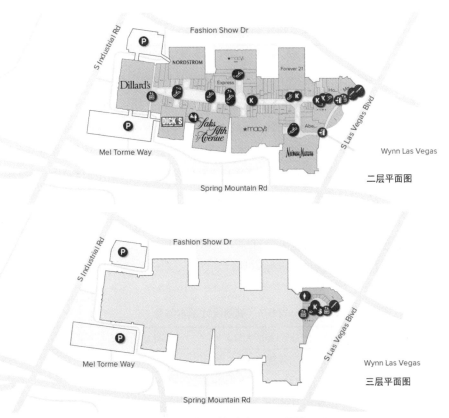

图 6-13　美国时尚秀购物中心二、三层平面图

6.2.2　节日主题型购物中心

1. 拉斯维加斯大运河购物中心（the Grand Canal Shoppers）

这是一个与酒店相结合的主题型购物中心，商业场景融合了圣马可广场飞狮等著名地标元素，充分体现了威尼斯水乡主题。商场威尼斯人所属的威尼斯人酒店占地 12 万 ft^2（约合 11 万 m^2），连同后建成的拉斯维加斯宫殿（The Palazzo），使得整个项目已成为全球最大酒店，共拥有 7128 间酒店套房。商场自身占地 50 万 ft^2（约合 46451.52m^2），设有超过 160 家店铺（见表 6-6）。

表 6-6　项目档案

开发商	美国通用增长地产（General Growth Properties Inc.）	总建筑面积	—
商业面积	510285ft²（约合 47407.03m²）	开业时间	1999 年 4 月
投资金额	18 亿美元（含酒店）	停车位	1 座 11 层停车场，共有 4000 个（与酒店和 Palazzo 共享）
项目定位	区域型主题购物中心		
主力店	杜莎夫人蜡像馆、道（TAO）亚式酒吧和夜总会、Barney NewYork、Banasa Republic Pesceria/Mercato、Della Pescheria		
项目地址	拉斯维加斯大道南 3377 号，拉斯维加斯，NV89109		

（1）规划设计　大运河购物中心共分为 3 层，首层包括了户外广场落客区、赌场剧场和部分商业店面，主要商业楼面位于二层，三层则局部设有一些商业，称之为"the Shoppers at the Palazzo"。大运河购物中心作为威尼斯人酒店的重要组成部分，充分体现了威尼斯的水城特质，其坐落于酒店二层的商业走廊被一条长约 1/4 英里（约合 400m）的人工运河贯穿，加上极富威尼斯特点的拱桥、石板路及每隔 20min 变化一次的人造天空。项目核心空间复制了威尼斯的圣马可广场（St.Mark's Square），在这里游客们可以观赏小型歌剧演出。在模仿威尼斯大运河的室内人工河流上也可乘坐贡多拉小船参观游览。

规划设计基本信息见表 6-7。

表 6-7　规划设计基本信息

	区　位	位于拉斯维加斯大道上	商业动线特征	一字形
外部交通	公交线路	2 条公交线路上	出入口数量	2 个
	地铁交通	—	中庭数量	7 个
	其　他	双层杜斯巴士（double-decker Deuce buses）	电梯数量	4 处垂直客梯、7 处自动扶梯

（2）业态特色　大运河购物中心内部业态以零售和餐饮为主，设有超过 160 家高端精品店、奢侈品店和餐厅，主要店铺除了上面所说的 Barney New York 外，还有 Davidoff、Dooney & Bourke、Johnny Rockets、Kenneth Cole、Sephora、Valentino 等。除此之外，还有 6 家艺术展览馆、剧场、夜总会、酒吧等设施。该项目本身极佳的场景感吸引了大量的商业人流，生动的活动如乘坐贡多拉小舟畅游室内运河，圣马可广场上的歌剧演出又增添了该商场的魅力（图 6-14）。每年人流量超过了 2000 万人次，属于拉斯维加斯极富人气的购物和娱乐目的地。

图 6-14　拉斯维加斯大运河购物中心室内实景

（3）设计研究

1）多功能无缝衔接。大运河购物中心是一个多种功能完美融合与衔接的项目，无论是酒店旅客，还是赌场顾客，都能很方便地到达二层商业主层面，如首层赌场层在一南一北各设有两个大型赌场区，其与二层商业也各设了一组自动扶梯，实现了便捷的垂直联系。两座酒店的核心筒也与商业层相连通。二层商业在户外还通过连廊和天桥跨过拉斯维加斯大道与对面地铁相衔接（图 6-15）。

2）主题场景的精细呈现。大运河购物中心以威尼斯水城为主题，内部的空间和立面设计无论在尺度、材料、色彩和细节上都比较精细和用心（图6-16）。如二层商业主楼层尽管商铺仅有一层，但立面设计为假三层，以创造城市街道的感觉。拱廊、桥屋等元素的设置打破了单一动线的乏味感，使得空间富

图 6-15　拉斯维加斯大运河商业平面布局图

图 6-16　拉斯维加斯大运河购物中心室内空间设计

有节奏感。

运河两侧为商业走廊，偶尔设置的一些水埠头，使得河西与路面在空间上产生了互动和联系。街道家具的布置也符合整个场景氛围，如路灯、遮阳篷、店招等设计。地面采用黑白两色铺就的印花混凝土预制块，带有一种湿漉漉的雨后街道的感觉，在暖黄色灯光的照射下泛着郯郯光泽，非常符合水城的意境。

2. 时尚岛购物中心（Fashion Island）

时尚岛购物中心位于加利福尼亚州 New Port 海滩，最初建于 1967 年，20 年后经欧文公司（Irvine）的改造，老购物中心重获新生，成为了一个富有活力的开放式滨海购物村。21 世纪初，商场又经过改建和景观再设计，以突出地中海主题。2009 年始，购物中心耗资 1 亿美元将其原有的西班牙风格改造为意大利风格（见表 6-8）。

表 6-8　项目档案

开发商	欧文公司（Irvine）	总建筑面积	135 万 ft² （约合 125419.1m²）
商业出租面积	120 万 ft² （约合 111483.65m²）	开业时间	1989.10
投资金额	—	停车位	5800 个（含 3 座停车楼和地面停车场）
项目定位	区域型主题购物中心 / 高端时尚生活中心		
主力店	Nordstrom、Bloomingdale's、Macy's、Neiman Marcus、Edwards Island Cinema、农夫市场		
项目地址	401 Newport Ctr Dr Newport Beach，CA 92660		

（1）规划设计　时尚岛购物中心内部动线比较复杂，但其在 3 个角布置了 4 个主力百货店，且面向 3 个主要的节点广场（图 6-17），使得项目的洄游性和可达性均较好。除了百货主力店之外，项目拥有 200 家专卖店、40 家餐饮和 7 厅影院。

商业层数以 1 层为主，还有 2、3 层局部，与大多数美国郊外购物中心类似，项目被一大片地面停车场所环绕，并在停车场最外侧设置了一个环状的路网（图 6-18）。

图 6-17　美国时尚岛购物中心的主力店及与广场的结合

图 6-18 美国时尚岛购物中心周边的地面停车场

规划设计基本信息见表 6-9。

表 6-9 规划设计基本信息

	区 位	洛杉矶新港口港湾区（滨海地区）	商业动线特征	环形
外部交通	公交线路	1 处公交站	出入口数量	7 个
	地铁交通	—	广场数量	6 个
			中庭数量	2 个
	其 他	坐落在太平洋海岸公路（Pacific Coast Highway）上⊖	电梯数量	4 处自动扶梯、3 处垂直客梯

（2）特色业态 时尚岛购物中心拥有 4 家主力百货店及 200 多家特色商铺和餐厅，零售店铺将不同年龄客群分为男装、女装及童装。除此之外，该项目还有书店、家居店、电子商店、康体美容、生活服务、美术馆等，拥有一个食品杂货市场（Whole Food Markets）、室内美食广场、空中景观平台等。

除了主力百货店外，该项目共分为 10 个商业楼（组团），每个商业楼宇都会配置餐饮业态，但 80%~90% 的业态还是以零售店铺为主（图 6-19）。

（3）设计研究

1）多样化的庭院景观设计。时尚岛购物中心的户外景观设计与建筑空间设计融为一体，并充分结合了滨海地形和南加州特有的植物品种，如高大的棕

⊖ 加利福尼亚纽波特滩的麦克阿瑟大道（Mac Arthur Boulevard）和 Jamboree Road 之间，对面是岛屿酒店（Island Hotel），离约翰韦恩机场（John Wayne Airport）/ 橙县（Orange Country）有几分钟路程。

桐树景观。空间变化丰富，每个广场均有特色。如锦鲤池（KOI Pond）就是一处受人欢迎的地标性景观，池内注入了2万加仑（约合75700L）水，池中有80条锦鲤（图6-20）。尼曼百货（Neiman Marcus）的庭院被称为蝴蝶庭院（Butterfly Court），是一个著名的聚会场所，在此可举办各种活动，如橙县时尚圈（Style Week OC）时装表演、时尚岛圣诞树点灯仪式、周末现场娱乐活动等。中庭庭院（Atrium Court）外的跳伞者庭院（Skydivers Court），也称为舞台庭院（Stage Court），有3个1967年安装的雕塑人像——"跳伞者"，由雕塑家阿里司提戴斯·季米特里奥斯（Aristides Demetrios）创作。另一个著名的户外广场位于该项目中心的十字动线交叉处，称之为"IRIS Fountain"，以其庭院中央的一处喷泉而闻名（图6-21）。

2）在持续改建中不断完善。整个时尚岛购物中心从20世纪60年代开始，经过长达50多年的改建和扩展，逐渐发展成为今天的样子。在这一过程中，部分业

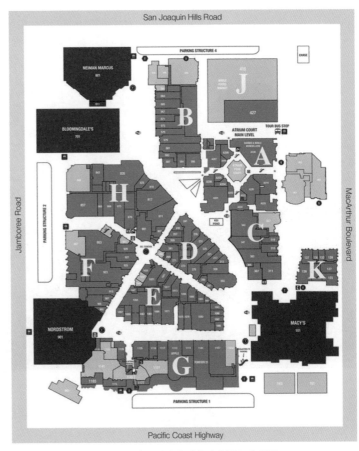

图6-19　美国时尚岛购物中心平面布局图

图6-20　美国时尚岛购物中心锦鲤池

图 6-21　美国时尚岛购物中心 IRIS Fountain

态和品牌进行了调整，至今仍在不断吸收新的品牌，使得整个项目日久弥新，活力永存。该项目随着周边酒店等配套设施的完善，如今已经成为一个富有吸引力的旅游目的地，富有历史感的商业品牌的持久更新，给该商业中心带来了独特的魅力。以 21 世纪前 10 年的重大再投资为例，购物中心的建筑和户外空间都得以改造，除此之外，还新建了部分建筑、公共设施、园林景观和喷泉，扩展了停车和零售空间，同时引入了 20 家新的餐厅和商铺，包括 Nordstrom、Dick's Sporting Goods 和 True Food Kitchen。如此长时间的持续改造和不断调整反映出欧文公司强大的后期运营和管理能力，使这样一个项目最终成为一个商业经典。

3）丰富而统一的主题风格。时尚岛购物中心创造了欧洲村落的感觉，融合了西班牙和意大利建筑风格，无论是建筑还是景观设计，给人的感觉仿佛是整个项目已存在很久，富有一定的历史感，该项目通过一条主街（Main Street），把若干个邻里部分连接起来，每一部分有相似之处，同时又有不同的特色，如铺地植栽、灯光设计都各有特色。整个项目的建筑尺度也控制得较好，室外庭院被尺度紧凑的具有欧洲城市感觉的步行街道串联在一起（图 6-22）。

图 6-22　美国时尚岛购物中心景观设计风格与特色

6.2.3　生活方式购物中心

1. 圣莫妮卡购物中心（Santa Monica Place）

圣莫妮卡购物中心位于滨海之城圣莫妮卡市的第三街（Third Street Promenade）南端。早期是一个室内购物中心，后经重建后去除了顶盖，而成为了一座开放的生活方式购物中心（图6-23）。改进后的圣莫妮卡购物中心与城市公共空间有机融合，成为了该区域一个全新的高端消费目的地（见表6-10）。

表 6-10　项目档案

开发商	The Macerich Company	占地面积	57 万 ft^2（约合 52954.73m^2）
		建筑面积	53000m^2
商业出租面积	48681.2m^2	开业时间	1980 年始建，2010 年改建
投资金额	2.65 亿美元改造费	停车位	2000 个
项目定位	生活方式购物中心		
主力店	Nordstrom、Bloomingdale's、Baruneys Newyork、Food Court、"The Market"		
项目地址	395 Santa Monica Pl，Santa Monica，CA 90401，USA		

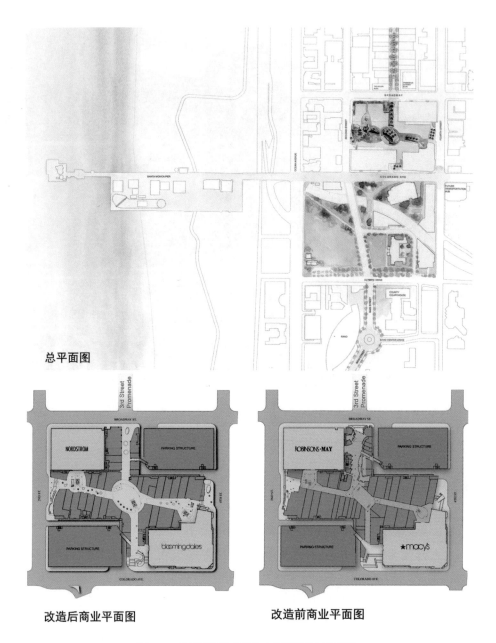

总平面图

改造后商业平面图　　　　　改造前商业平面图

图 6-23　美国圣莫妮卡购物中心改造前后平面图

（1）规划设计　圣莫妮卡购物中心是开放式商业街，地上共有3层，并用连廊连接4栋商业建筑。两个百货主力店位于基地的两个对角，并面向两个商业广场，另外两处斜对角布局了两座地面停车楼（图6-24）。

1）与城市环境相融合。圣莫妮卡购物中心在首层设有4条通道，4条通道及其对应的4个立面都与周边城市环境相呼应。如北入口及通道是第三街商业活力的延伸，西入口则用挑高的立柱支撑起屋顶平台，在平台上的餐饮座可以欣赏太平洋和码头的优美景观（图 6-25），南入口紧邻行政办公楼和市政中心，采用较为稳重的立面风格，东立面则与周边的餐饮、企业及居民区相协调。

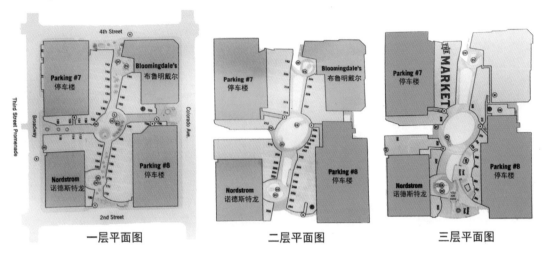

图 6-24　美国圣莫妮卡购物中心各层商业平面图

图 6-25　美国圣莫妮卡购物中心西入口

2）屋顶餐饮平台设计。圣莫妮卡购物中心设有一个位于三层的餐饮天台，该餐饮天台上有 6 个厨师主题餐厅、10 个休闲快餐厅、1 个 Food Conut 美食角，人们可以在这里尽情领略滨海景观，享受阳光与清风拂面的惬意（图 6-26）。

3）可持续设计。该项目由于其可持续设计措施而获得了 LEED Silver 绿色论证。其采用的措施有：采用太阳能板通风设施，运用发光屋顶材料以降低热岛效应，节水景观工程及其他水源保护设施。

图 6-26　美国圣莫妮卡购物中心屋顶餐饮平台

规划设计基本信息见表 6-11。

表 6-11　规划设计基本信息

	区位	城市核心区	商业动线特征	十字形
外部交通	公交线路	—	出入口数量	4 个
	地铁交通	地铁 EXPO 线 至 DownTown Santa Monica 站	中庭数量	3 个（一主二辅）
	其他	—	电梯数量	4 组自动扶梯、2 处垂直客梯

（2）业态特色　圣莫妮卡购物中心的主要客群为游客、项目周边的商务人群以及中产阶层家庭，因此该项目定位为一个娱乐休闲的生活方式街区，进驻品牌既有高端奢侈品牌，也有一些大众品牌，包括美国本土的个性化品牌，如 ADAMM'S、Above the Fold 等。该项目的公共空间常常用于举办各种品牌的推广活动，如 Nike 几乎每周都会举办 Nike+Run Club 和 Nike Training Club 活动。

该项目有一个富有特色的小型市场——The Market，是农贸市场的升级形态，汇集了手工艺者、美食家和有机食品供应商，在这里可以品尝有机食品，也可以在其中的美食烹饪教室、插花艺术课堂、烘焙房等参加体验活动。

（3）商业效益　该项目改造后的商业坪效提升巨大。改造之前，租户坪效仅 400 美元 /（ft² · 年），改造后每一租户年销售额达到 1000 美元 /（ft² · 年），比其相邻的第三街（Third Street Promenade）的 800 美元 /（ft² · 年）高出很多（2015 年统计数据）。

（4）设计研究　圣莫妮卡购物中心原来是一个室内购物中心，从 2008 年关闭整修，到 2010 年开业，已经摇身一变为一个开放式商业街区。但这个商业街区不仅提升了原项目的定位档次，而且在商业收益上也非常成功。这也是美国大量现存购物中心重建改造项目的典范。在改造中，该项目打开了原来的封闭空间，引入了城市公共空间，这使得项目与城市的融合度得以大幅提高，也重塑了休闲氛围（图 6-27）。此外，原来的屋顶被空中景观平台所代替，吸引了众多洛杉矶有名的餐厅入驻。建筑外立面也采用了丰富的材料和活泼柔和的色调，甚至将本土建筑材料结合到设计中，如红色砖块、赤土陶板、石灰石、瓷砖、木柴等多种材料的搭配，使得整个项目具有了温暖而亲切的体验感（图 6-28）。

图 6-27　美国圣莫妮卡购物中心改造后引入城市空间

图 6-28　美国圣莫妮卡购物中心丰富的材料与色调运用

圣莫妮卡购物中心的改造从商业定位、招商业态、建筑空间、建筑立面等方面做了重大调整，使得一家经营了20年而渐趋衰退的购物中心得以重获新生。该案例对于今天我国国内商业存量项目的改建和更新有很好的借鉴价值。

2. 格罗夫暨农夫集市购物中心（The Grove & Farmers Market）

格罗夫（The Grove）购物中心是一个与农夫集市成功结合的商业项目。农夫集市源于19世纪30年代经济大萧条时期加州农夫在加油站附近形成的露天市场。该项目为一个开放的生活方式商业街区，商业主街由一条有轨电车贯穿，全长1/4英里（约合402.34m），连接了商业中心和农夫集市（图6-29，见表6-12）。

表6-12　项目档案

开发商	Caruso Affiliated	总占地面积	18英亩（约合72843.42m²）
商业出租面积	575000ft²（约合53419.25m²）	开业时间	2002年
投资金额	—	停车位	3458个（8层占地3500m²停车场）
项目单位	中高端旅游休闲生活方式商业中心		
主力店	14厅影院、百货Nordstrom、Pacific Theatres		
项目地址	189 the Grove Drive Los Angeles，CA 90036		

（1）规划设计　该项目的商业流线非常清晰，一字形动线贯穿了两个主力店，一座停车楼和一个具有历史传统的农夫集市。路面宽18.2m，电车轨道宽8.5m，两边各有4.8m宽的人行道。整个项目的核心空间为一个2英亩（约合8093m²）的草坪广场，这里既是商业街区中心，也是社区活动中心。影院和百货的入口均面朝该项目的核心广场。广场中心位置设置了人工池，池内安装了全美最高端的3D喷泉控制系统（WET Design），定时演绎水与火交织的绚烂场景，为整个项目带来了动感和活力。

图6-29　美国格罗夫购物中心的总体布局

（上图：地图；下图：总平面布局图）

格罗夫（The Grove）购物中心的建筑设计概念取自于20世纪三四十年代洛杉矶市区街道的风格。其建筑的一至三层，每幢都各有风格，但整体上又非常协调，材料、店招、街道、灯光、小品、雕塑细节都比较到位。设计中混合运用了Art Deco（艺术装饰）、Classical（古典主义）、Spanish Colonial（西班牙殖民风格）和现代手法。以其主力店14厅影院的建筑设计为例，该建筑外立面设计既有农夫集市历史元素的启发，又与商业街其他建筑风格相协调，采用了Art Deco（艺术装饰）和Classical（古典主义风格），非常引人注目（图6-30）。

规划设计基本信息见表6-13。

图6-30 美国格罗夫购物中心的14厅影院

表6-13 规划设计基本信息

	区 位	近好莱坞商圈，位于洛杉矶城人口密度最大、最富有的街区费尔法克斯区	商业动线特征	一字形
外部交通	公交线路	—	出入口数量	3个
	地铁交通	—	广场数量	2个
	其 他	—	电梯数量	停车楼共有6部电梯

（2）业态特色与坪效　格罗夫（The Grove）购物中心共有56家商户，在零售方面除了Nordstrom百货之外，还有Crate & Barrel（美国著名的家居连锁店）、Barnes & Noble（大型连锁书店）、Apple专卖店和著名的Taschen艺术图书店，还汇聚了众多年轻品牌。除了零售之外，格罗夫（The Grove）购物中心也是一个餐饮、娱乐目的地，著名餐饮店加上充满美食的农夫集市吸引了众多本地顾客和游客。

洛杉矶的格罗夫购物中心在开业十几年来，一直是业内复制率最高的室外零售、餐饮和娱乐中心之一，由此可见该项目在商业界的重大影响力。每平方英尺的年平均销售额为 2200 美元，该奢侈品零售中心在"财富"收入最高的购物者榜中名列第二。年客流量达到 2200 万人次，一度超过了相邻的橙郡的迪士尼乐园。另外，购买转化率达到了 95%，而全美平均转化率为 50%。

（3）设计研究

1）旅游元素的注入。项目采用了有轨电车贯穿商业主动线的布局，为项目增添了旅游观光元素，有轨电车以 20 世纪 50 年代波士顿的电车原型修葺而成，具有双层的、一次可以搭载 62 名乘客的容量，外观为绿色，连驾驶员都会配合节目或季节换装，吸引了游客的视线，电车行驶全程耗时 6min。电车的使用也使得 400m 的商业动线长度不会显得过长（图 6-31）。另外，具有历史感的建筑风格也成为吸引游客的重要因素。

2）与社区的巧妙融合。农夫集市提供了生鲜食品等，如同一个开放的露天超市，而且与室外美食区相结合，具有浓厚的生活氛围（图 6-32）。该项目中间有一个巨大的花园，结合草坪和水景，吸引了周边的家庭顾客来此休闲和消费。这里夏天的每个星期二，公园里会放映露天电影，以及不定期的 Summer Stage 音乐会（图 6-33）。

3）商业与停车楼的完美衔接。停车楼位于商业街区的北面，设有两个出入口。该停车楼与商业街区紧密衔接，14 个快速通道能直达商业街区，每层均设有自

图 6-31　美国格罗夫购物中心的有轨电车

图 6-32　美国格罗夫购物中心的农夫集市

图 6-33　美国格罗夫购物中心的中央活动草坪

动付款机来快速导出车流。与商业连接处配有类似的五星级酒店大堂的过渡空间，其中一个连接通道可直接观赏到核心广场上的水景等景观（图 6-34）。除了停车楼外，农夫集市还设有露天停车位。

图 6-34　美国格罗夫购物中心停车楼与商业的衔接

（左图：从停车楼望见核心广场；右图：停车楼与商业的过渡大堂）

第 7 章
商业建筑设计趋势展望

我国购物中心在短短的 30 年间几乎走过了西方国家的百年历程，而且在商业规划、招商、运营等方面尚未成熟的情况下，就已经面临宏观经济增速放缓、产能过剩、网购冲击等发达国家商业地产才会碰到的棘手问题。不过，我国社会的整体消费和支出尚处于不断增长的趋势之中，这从一些轻奢品牌在国内迅猛发展的势头就可见一斑。诸如此类相互矛盾的背景和因素增加了国内零售业发展的复杂性和预判的难度。可见，我国购物中心和传统零售业的发展，既有机遇，又有挑战。

我国购物中心面临的机遇主要有以下两个方面：

（1）零售商和消费者需求仍在增长　零售商和消费者的需求均呈现出良好的增长势头，只是这种需求的构成和比例需要重新定义，有些方面已被较为充分地得到满足，甚至出现了过剩；有些需求还没有充分发掘，或市场上有品质的商品和服务供给不足。这就为传统商业业态调整和业态创新指出了发展方面。

（2）新零售给线下实体店带来的新机遇　新零售给线下实体店带来了诸多新机遇，一方面电商分流了部分顾客的购买需求，但另一方面电商也为实体店的发展提供了机遇，因为电商阻止了消费者和商品的直接接触。比如，消费者经常会去实体店查看他们想在网上购买的商品，或直接在实体店购买他们在网上看中的商品。另外，不同实体店为顾客提供了独特的氛围和环境以及服务变得更有价值和不可替代。实体店往往成为了人们生活场所的一个不可或缺的组成部分。

数字技术和移动设备让消费者得以将互联网带入了购物中心，从而打破了电商和传统零售业之间的壁垒，使得实体店可以更精准地捕捉需求及进行定位调整。

我国购物中心面临的挑战主要有以下两个方面：

1）传统零售空间模式面临重大调整　封闭的、与周边环境隔绝的、标准化的购物中心空间模式在业态调整和生活场景变化的情况下，逐渐开始面临质疑和挑战。如当购物中心不再仅仅是一个买卖场所，而成为了社区生活的一部分，发挥着社交功能的城市公共场所规划对于购物中心的意义变得更为重要的时候，购物中心的空间形态也将发生改变。另外，运营商提高了商场中餐饮和娱乐企业的面积占比，租户组合也在改变，而大部分餐饮和娱乐业态要求的运营面积均高于一般零售商铺的面积。再加上公共空间占比近年来也有逐步上升的趋势，使得一些购物中心的面积越来越大。而另一极端，小型的社区型商业比例也在相应增加，这类商业中心与社区的融合度更高。

2）购物中心的开发渐趋理性　随着整个零售业环境日趋复杂，竞争日益激烈，购物中心的开发将渐趋理性。新购物中心的选址、规模定位将更为开发商所重视，而那些经营不善的旧商场将面临改造调整甚至被收购的局面。

7.1 购物中心类型学的发展

经典的购物中心分类往往是以商圈范围来划分的，如超区域级、区域级、社区级、邻里级等，相对应的是商业规模、主力业态类型和数量等，还有根据商品品类业态特点来定义的类型，如时尚/专卖店、能量中心、主题/假日购物中心、直销店购物中心等。但今天这样的分类模式已很难涵盖所有的购物中心或者无法准确定义某些购物中心，随着市场差异化和细分化趋势的发展，更多类型的购物中心将不断出现。以下为几种新出现的购物中心类型，在此略做介绍。

7.2 交通枢纽型商业中心

交通枢纽站与商业的结合是国外公共交通开发中非常重视的一个部分，一方面满足了乘客的出行需求，提供了人性化服务，另一方面增加了交通投资运营等部门的收入。我国交通枢纽站与商业的结合尚处于起步发展阶段，逐渐受到重视，但由于相关交通主管部门的疑虑，在开发和运营体制上的限制及相关支撑条例和数据的匮乏，导致这类商业体发展较为滞后。但随着国内轨道交通、高铁、航运的快速发展，与交通枢纽站相结合的商业体也将成熟起来。

7.2.1 分类

按照交通枢纽的类型可以分为地铁/轻轨型、铁路型、航空型，当然也有些交通枢纽是多种交通工具的整合，因此也可称之为混合型，按照商业布局位置可分为站内型、站外型或是两者兼有的混合型（见表7-1）。

表 7-1　交通枢纽型商业体分类

分类		商业形式	案例
按交通枢纽的类型划分	地铁/轻轨型	地上/下步行街	横滨车站广场地下街、东京站前八重洲地下街、大阪虹之町地下街
	铁路型	车站商业综合体	大阪梅田车站商业综合体、博多车站商业综合体
	航空型	机场商业体	虹桥机场商业体、浦东机场商业体
	混合型	混合以上两种或三种形式	大阪梅田车站商圈、新宿车站商圈
按商业布局位置划分	站内型	商业店铺/购物中心	德国柏林中央车站
	站外型	购物中心	虹桥天地购物中心、大阪 Grand Front 购物中心
	混合型	商业店铺和购物中心	我国香港九龙车站、日本京都车站

7.2.2　前期规划要点

对于交通枢纽型商业中心，在前期需做好定位和规模的分析，并在此基础上布局合适的商业业态。

首先应注重对于客流量的分析和预测，同时根据该交通枢纽的交通指标（如交通接驳方式、客流量）选择相应的参考案例，对于开发规模和业态结构进行研究，重点分析交通枢纽站使用者的客流类型、消费水平和结构，从而确定消费档次和需求，如机场商业体有大量的商务客和国际游客，较好的商品品牌及服务是其主要需求，相配套的商务会议设施、宾馆住宿也是必不可少的服务业态。轨道交通枢纽型商业中心则以大众消费群体为主，且以交通换乘为主，停留时间短，在业态布局上以便利性业态、定位中低端为主。

7.2.3　案例

1. 新宿车站商圈

日本的新宿车站被吉尼斯纪录定位为"全世界最繁忙车站"，以车站为引擎，新宿也快速崛起，成为世界级中心商圈，所借助的正是 9 条地铁线和多条高铁线带来的枢纽优势，其各铁路公司使用者总和则达每日 364 万人次，是世界上使用人次最多的铁路车站。新宿车站周边大约 1km 范围内的土地基本以商业用途为主。在车站地下一层形成了大型的地下空间，同时也是商业街，并通往周边主要商业楼宇的地下空间。该地下空间主要沿东西方向往周边扩散。除了新宿站外，还连接了西侧的西新宿站、都厅前站以及东侧的新宿三丁目站、西武新宿站等 4 座地铁站。地下空间以车站向西延伸了 1000m 左右，最远处达 1200m，向东延伸 600m 左右。总体来说，新宿车站商圈覆盖了以车站为中心的半径在 600m 以内的大部分区域，并且连接了东侧商业密集区的大部分商业设施（图 7-1）。

2. 日本京都车站

日本京都车站位于世界级旅游城市京都站下京区。根据 2015 年统计数据，该站每日平均客流量约为 43.9 万人次。JR 京都车站位于东西向铁路线的北侧，内部复合了多种功能，除站房外，还有百货商店、停车场、剧场和酒店等，是非常典型的车站—商业的复合设施。车站大楼东西向长度 470m，地上 16 层，地下 3 层，建筑面积为 238000m^2。其最大的空间特色为中间长约 200m、高约 50m 的巨型大厅，大厅里的高差达 35m 的大台阶，可作为向市民开放的城市公共空间，常常举办城市音乐会等大型活动（图 7-2）。大台阶下方为伊势丹百货，大台阶两侧设置的入口可以使人很方便地进入百货的不同楼层。

（1）伊势丹百货　京都车站里的伊势丹百货地下有 2 层，地上达 11 层，是一个典型的垂直发展的商业体，因此其在出入口设置和周边设施结合方面有很多特点，比如，其与西侧 9 层高的停车楼相对接，地下二层和地上一、二层每层均有与地铁线或新干线等接口，地上四层对接室町小路广场、地上五层至地上十一层则与大台阶的平台出入口相接，七层连接美术馆等。伊势丹百货从业态布局来说，地下以食品为主，地上以零售服装、化妆品、家居用品、文具用品、趣味杂货、餐饮等为主。

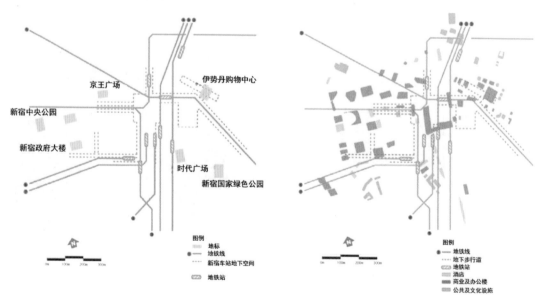

图 7-1　日本新宿车站地下空间开发及周边用地功能
（左图：新宿车站地下空间网络；右图：周边用地功能）

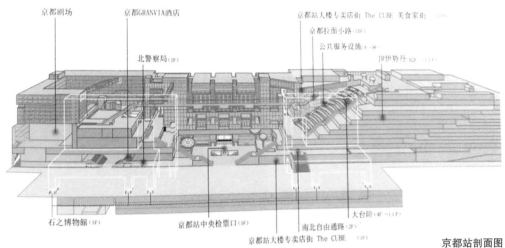

京都剧场　　京都GRANVIA酒店　　北警察局(1F)　　京都站大楼专卖店街 The CUBE 美食家街

京都拉面小路(10F)

公共服务设施(8~9F)

JR伊势丹(B2~11F)

石之博物館(1F)　　京都站中央检票口(1F)　　南北自由通路(2F)　　大台阶(4F~11F)

京都站大楼专卖店街 The CUBE (1F)

京都站剖面图

京都站内平面图

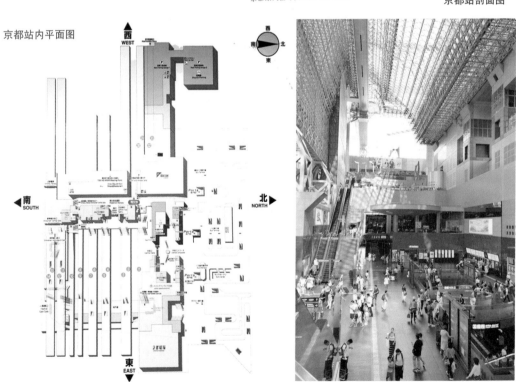

图 7-2　日本京都车站商业体

（2）其他设施　除了伊势丹百货外，京都站里还设有京都站大楼专卖店街 The CUBE，为位于一层的站内商业。除此之外，还有石之博物馆、北警察局、京都剧场、京都拉面小路（十层）、京都站大楼专卖店街（十一层）、The CUBE 美食街及公共服务设施（八～九层）等。京都 GRANVIA 酒吧也被整合在整个车站大楼建筑中。

7.3　医疗型商业中心

据相关地产业态研究 ⊖，医疗诊所已经成为国外优质购物中心必备的业态，平均每个购物中心至少拥有两个医疗服务商。例如，新加坡就有所谓的医疗购物中心（Medical Mall），以私立医院、诊所为主力店；在美国，有超过 1/3 的医疗诊所开在购物中心。

医疗体与商业中心相结合有以下几大优势：

（1）医疗租户是优良租户　医疗业态作为新业态，该类租户相比于商家，往往具有租金高、信用更高的特点，并且所签租约通常会更长。另外，从医院角度来说，诊所进驻商场，可以缓解急诊室的就诊压力，而且进驻商场后医疗机构能更接近他们的客户。所以，原本看起来格格不入的两种场所——医院和商场，一边是痛苦的病人，一边是欢快的购物达人，乍一看有些冲突，但从两者的利益和需求来看，这种组合却具有经济上的合理性。

（2）成为购物中心改造重生的机会之一　随着购物中心同质化和受网上购物的冲击，发展医疗购物中心也成为一种"解药"，布局医疗地产成为开发商的优先选项之一，此种新型购物中心将会越来越受到顾客的青睐。

7.3.1　起源

医疗购物中心最早发源于美国 20 世纪 80 年代，定位并非高端，且更多以医疗属性为主，多布局在郊区。美国发展此类购物中心，一方面是由于医疗报销制度的改变，导致医院为控制成本从而大力发展门诊服务，另一方面是因为医院也在寻求新的机会来获得更多的收入。因而，早期的医疗购物中心（Medical Mall）多是由医院发起，部分由类似医生集团的组织或私人投资者发起。

⊖ RET 睿意德中国商业地产研究中心《新兴业态研究报告》。

7.3.2 分类

根据 BMC Health Services Research 发表的《对美国医疗商场的混合方法研究》，医疗购物中心被定义为至少有 5 家医疗健康租户的封闭式购物中心。

1）由某一医疗机构购买或接管的旧购物中心改造后为医疗服务，没有零售业务。

2）与一些零售业合作的以医疗为重点的购物中心。

3）以零售为主的购物中心，向多个医疗租户出租空间。

4）与零售元素相混合的医疗综合体或医疗村。

尽管医疗购物中心（Medical Mall）起源于美国，但由于美国的医疗体系、医保制度等都和我国截然不同，导致美国此类购物中心与我国的目标客群、选址也很不一样。美国的医疗购物中心（Medical Mall）服务的是普通人群甚至是穷人，一般设在郊区，为那些需要帮助的人提供优质的医疗服务。而对于我国来说，提供自费项目、满足部分人群对医疗环境和服务的高要求是医疗结合商场的初衷，因此其服务的人群是中产阶级及其以上富裕阶层。因此，除了美国之外，后来在日本、新加坡等国家发展的医疗购物中心（Medical Mall）更具借鉴价值。

7.3.3 案例

1. 新加坡百利宫医疗购物中心

该中心由新加坡报业控股零售物业管理服务私人有限公司所管理。项目位于著名的商业街乌节路正中央，6 层商场零售面积共约 45337m²，在零售空间之上是一座 14 层塔楼和 3 层高面积约 20717m² 的医疗套房 / 办公空间塔楼，这里紧邻亚洲最著名的医疗机构之一——伊丽莎白医院和伊丽莎白医疗中心（图 7-3）。该综合体里的百利宫医疗中心强调为顾客提供便利的服务，同时又符合百利宫商场的奢华定位，国外游客和本地高端客户是其服务的重点对象，百利宫医疗中心既有独立入口，又与商场相连接。医疗中心四周有许多豪华的五星级酒店如万豪、凯悦、文华大酒店和公寓式酒店，为客户的就医带来便利的住宿条件。除了医疗服务之外，百利宫购物中心也有许多知名零售商店，包括 Gucci、Prada、Salvatore Ferragamo、Tod's、MiuMiu 等一线品牌及国际美食，充分满足了顾客一站式的购物 + 医疗体验。

图 7-3　新加坡百利宫医疗购物中心

2. 杭州大厦 501 城市广场医疗购物中心（杭州全程国际健康医疗管理中心）

　　该医疗购物中心是国内首家将健康医疗和零售商业结合为一体的项目（图 7-4）。之前别的购物中心也引入过少量的一两个医疗业态，如齿科、体检中心等，但没有这种以医疗为主题的商业模式。该中心由新解百集团、浙江迪安诊断、百大集团联合成立。地下一层至地上五层为杭州大厦 501 城市生活广场，九至二十二层为全程国际 Medical Mall，其中九至十六层共设 11 家各类专科诊所（如齿科、儿科、中医、眼科、妇科、五官科、医疗美容、运动康复、疼痛管理、睡眠管理、心理咨询等）及思妍丽 A+ 美容健身中心。而十七至

图 7-4　杭州大厦 501 城市广场医疗购物中心

二十二层是邵逸夫国际医疗中心，含高端体验中心、医疗服务中心、抗衰老中心三大板块。医疗购物中心的屋顶是空中花园，并种植有机蔬菜供应顾客。所有体检客户入住的当晚，均会受到邀请参加在这里举办的"健康沙龙"，如冥想瑜伽课、运动关节保护医疗课程等。

该项目将医疗和商业两种业态进行互动融合，而非简单叠加，着力打造大服务——商业、体育、健康医疗的交融平台，并为 VIP 客户提供管家式的医疗服务。该项目于 2017 年刚开业，目前评判其成功与否为时尚早，但若成功，将为国内购物中心开辟出一条新的发展之路，成为一种值得借鉴的商业模式。

7.4 商业建筑改造

购物中心在国内经过 30 年的迅猛发展，如今进入新建与改造并存的阶段，未来随着商业地产逐渐进入存量市场，改造项目可能占据大部分。以上海为例，近 5 年来，上海全市已有数以百计的大中型商业项目完成了大面积升级改造。据有关数据统计 ⊖，上海目前已开始改造或计划启动改造的存量商业项目超过 60 个，其中 2018 年内预期正式营业或局部试营业的项目近 30 个。当然，改造项目有些可能脱胎换骨、重获新生，但有些也可能继续颓败。

商业改造的原因有多种多样，有些是因为市场变化而导致原先的功能定位已无法适应市场需求，有些是因为早先的规划设计存在的问题而导致项目长期经营不佳，或是项目缺乏特色，与后来的新兴商业体相比竞争力不足等。即使不存在以上的主要问题，维护、更新、调整也是一个伴随商业体全生命周期的不变主题。

商业改造的几大策略如下：

1. 重新定位

商场改造首要的策略是重新定位，尤其要重点关注城市消费水平、区域人口结构、项目周边交通三个方面的变化。如果在过去和未来 3 年的时间范围内，上述方面已经或即将发生重大改变，定位一般就需要调整。当然，若这些条件不变，但周边商圈格局发生变化或有竞争对手出现时，也要考虑是否在定位上做些调整，以应对变化。所有的业态和功能的合理布局首先取决于项目定位的准确性。在再定位的基础上，结合之前的经营财务数据加以分析，从而优化调整业态。

如上海的老一百商业中心改造就是商业重新定位的典型例子。该项目从原

⊖ 源自联商网数据中心。

来的以中老年顾客为主要客群转变为以年轻潮流为主，如其十楼与SMG合作的文商互动体验式乐园，试图吸引更多的年轻顾客。

2. 功能置换

有些项目的改造可能要进行功能置换，如办公、老厂房改造成商业，商业改造成办公、公寓等，这种改变项目性质的做法也往往能挽回一个失败的项目，使其得以绝处逢生。上海商务中心翻建是百联集团的一个改造项目。该项目原本用于部分展览功能，因此，在改造成商业项目上有层高的优势，一至五层层高6m，六层更是拥有10m高的空间。由厂房园区改造成商业的项目近年来也是一大热点，上海这类具有工业传统的商业城市具有很多资源和条件，这类项目包括越界世博园、静安新业坊尚影国际、宝山新业坊·源创3期、游悉谷等。

3. 景观再造

传统购物中心项目往往忽略景观设计。而如今在越来越关注体验感的商业发展趋势下，景观设计日益受到重视。封闭式购物中心会对入口广场、屋顶花园进行景观规划，开放街区式商业更是如此，主题表演广场、音乐喷泉、景观水瀑等都会结合到商业场景中，悉尼皮特商业步行街就是一个通过景观改造使项目再次成为城市视觉焦点的例子。设计主要侧重道路铺装、街道家具和照明设计，并以其简单、清晰、实用的设计夺得2013年新南威尔士城市设计大奖。即使在喧嚣之地，依然让人有一种平静、舒畅的感觉（图7-5）。

4. 主题嵌入

主题嵌入是商业项目改造中的另一个重要手段，从消费需求出发，以主题化空间为载体，增加体验型业态和创新品牌的比重，这种方式可以使项目具备更强的聚客力和商业竞争力。以上海的美罗城购物中心为例，该项目在2009年开始随徐家汇商圈的升级揭开了改造的序幕。改造前该项目以数码、手机、计算机等产品为主要业态，改造后，百脑汇撤出，并减少了零售比重，增加了休闲娱乐与体验类业态比重。在空间改造方面，注重各层的"欧洲风"异域风情的打造。各层改造前后业态主题对比见表7-2。

表7-2　上海美罗城购物中心改造前后业态主题对比

楼层	改造前	改造后
B1	大食代	"五番街"，以日本时尚品牌为主
L1		小清新主题"森林里"，以新兴、小众、网红品牌为主
L2	原有百脑汇	东南亚主题"东来坊"，含原一层的眼镜品类
L3		法国浪漫主题"罗薇道"，服饰、餐饮、手作
L4	—	大众书局、健身中心、餐饮
L5	—	"剧场（赖声川剧场）+书局+影院"的组合
L6	—	大食代以"上海弄堂"为主题，引入上海老字号

图 7-5　悉尼皮特商业步行街改造后的景观

随着商业环境和市场的发展，商业建筑正在发生崭新的变化，这种变化体现在各个方面，包括业态布局和组合、空间规划、与社区关系等。如从业态角度来说，传统的业界公认的黄金比例即购物：餐饮：娱乐为 52：18：30，现在已逐渐演变为 1：1：1，甚至有餐饮占 40% 的局面。从空间规划来说，空间保持一定的灵活性、开放性和流动性对于适应业态的变化及强化人们的体验感具有重要作用。从社区关系来说，购物中心正在由传统的内向发展转变为向外延伸，购物中心与社区中心、城镇中心的融合度越来越高。可持续设计也是商业建筑未来发展的一个趋势，无论是新建或是改建建筑，都将会把与可持续设计有关的要求与建筑的室内设计、立面设计、材料选择联系起来，并对建筑朝向、日光利用、自然通风、太阳能控制等方面给予全面的关注。正由于如上这些新变化，商业建筑设计也将迎来一个"新的时代"。

参考文献

[1] 周洁.商业建筑设计 [M].2版.北京：机械工业出版社，2015.

[2] 万房网地产研究机构.社区商业开发操盘实战解码 [M].大连：大连理工大学出版社，2009.

[3] 余源鹏.社区商业街项目开发全程策划 [M].北京：中国建筑工业出版社，2009.

[4] 巴尔.零售和多功能建筑 [M].高一涵，杨贺，刘需，译.北京：中国建筑工业出版社，2010.

[5] 美国城市土地研究会.零售娱乐中心规划与设计 [M].周鸿飞，李树会，译.沈阳：辽宁科学技术出版社，2007.

[6] 田村正纪.选址创新——创新者行为与商业中心地的兴亡 [M].吴小丁，等译.北京：科学出版社，2014.

[7] 段宏斌.商业地产学万达 [M].哈尔滨：黑龙江美术出版社，2011.

[8] 国际购物中心协会（ICSC）.购物中心管理 [M].袁开红，译.北京：中国人民大学出版社，2010.

[9] 毛里齐奥·维塔.捷得国际建筑师事务所 [M].曹羽，译.北京：中国建筑工业出版社，2004.

[10] 宣一氢.全球 70 个购物中心成败解码 [M].武汉：华中科技大学出版社，2016.

[11] 胡昂.日本枢纽型车站建设及周边城市开发 [M].成都：四川大学出版社，2016.

[12] 邱昭良.复盘 +：把经验转化为能力 [M].2版.北京：机械工业出版社，2016.

[13] 张家鹏，王玉珂.商业地产案例课 [M].北京：机械工业出版社，2015.

[14] 任彧，刘荣.日本地下空间的开发和利用 [J].福建建筑，2017（5）.

[15] International Council of Shopping Centers（ICSC）.RETAIL 1-2-3—U.S. Guide for Local Officials and Community Leaders. Newyork：ICSC，2011.

[16] U.S. Shopping Centers of Interest. The Traveler's Pocket Guide. New York： International Council of Shopping Centers，2006.

后记

从我研究生毕业第二年起，我就开始做商业建筑的设计工作，至今已专注该领域十二年之久，在工作中也积累了不少的实践经验。2013 年 10 月，我出版了我的第一本关于商业建筑设计的专著，在这之后的五年期间，我一方面继续投入在商业设计的一线工作中，另一方面利用业余时间完成了我的博士学业。出于对商业建筑设计这一领域的喜爱与研究热情，在攻读博士学位时，我还是选择了相关的课题做更深入的研究。《商业建筑设计要点及案例剖析》一书中的部分内容，吸收了我的博士论文中的一些研究成果。

说到这本书的起因，源于我和机械工业出版社赵荣老师的一次交流。当时我正在做关于上海商业中心的案例收集和研究，并对比了国外的一些案例，已有些许感悟，就提到想做案例剖析方面的题材。赵荣老师也希望我用前本专著中的理论和方法来分析一下国内外的经典商业项目。经过一年多的准备，我亲身踩点了上海、北京等地的商业项目，并前往日本做了商业建筑方面的调研，再加上几年前收集的关于美国几十个著名购物中心的考察资料，形成了今天这本书的基本素材。在对这些基本素材合理分类的基础上之上，我从规划设计、业态特色、商业效益三个维度对国内外颇具代表性的商业建筑设计案例进行了全面而综合的研究，并且对设计案例的亮点和问题展开讨论，进而揭示出商业建筑设计的要点和基本规律。

要掌握一门专业知识，理论学习固然重要，实践考察更是必不可少。通过这些生动鲜活的案例，不管其成与败，都能给我诸多启示，以避免今后自己在工作上走"弯路"。"他山之石，可以攻玉"，但愿我的这本书能成为各位读者的"他山之石"！

再次感谢机械工业出版社的赵荣老师对我的信任和鼓励，使得相隔五年之后，我的这本新作得以顺利出版。也希望各位读者对于书中的错漏之处不吝指教。